JN268049

Statistical Analysis for Product Development

製品開発のための
統計解析学

―統計解析の誤用防止チェックリスト付き―

松岡由幸　編著
栗原憲二・奈良敢也・氏家良樹　著

共立出版

序

　本書は，製品開発に必要とされる統計解析学について解説している．主な内容は，基礎統計，多変量解析，実験計画法，品質工学，および「統計解析の誤用防止チェックリスト」を用いた統計解析の適用における留意点の解説である．
　本書の特徴は以下である．
・製品開発における統計解析の意義と目的を示すとともに，その位置づけを解説した．
・統計解析学の基礎を学ぶことを重視し，基礎統計の解説を充実させた．
・製品開発によく用いられる多変量解析，実験計画法，品質工学を網羅した．
・統計解析結果の有意性確認を重視し，検定法に関する解説の充実を図った．
・統計解析において頻繁に発生している誤用を防止するため，各統計解析に関する「統計解析の誤用防止チェックリスト」を掲載し，活用可能とした．
　なお，最後に示した「統計解析の誤用防止チェックリスト」は，本書の最大の特徴であろう．近年，統計解析を適用する際に，非常に多くの誤用が見受けられるようになっている．その一因として，近年，基礎統計や多変量解析をはじめとして，市販の統計解析ソフトが多く利用可能となっていることが挙げられる．そのため，統計解析をしっかり学習することなく，安易に市販ソフトを用いて解析を行う場合が増えている．誤用はその際に多発しているようである．また，製品開発に統計解析を用いる場合においては，開発業務の忙しさから統計解析の基礎をしっかり学ぶ時間がないことも，誤用に拍車をかけているようである．
　本書では，これらの問題を受け，「統計解析の誤用防止チェックリスト」を巻末に掲載した．これにより，留意すべき項目が効率よく理解できるものと考える．このチェックリストに掲載した項目の多くは，筆者自身がこの20年間に実

際に発生を確認した誤用事例をもとにしたものである．ぜひとも，この誤用防止チェックリストを有効に活用し，適正でかつ有用な統計解析の実施の一助としていただければ幸いである．

最後に，本書の執筆に際して，慶應義塾大学大学院生，加藤健郎君ならびに濱本皇心君に大変お世話になりました．また，出版に際して，共立出版（株）の小山透氏と國井和郎氏には多くの貴重なご助言を頂きました．ここに併せて，心より謝意を表する次第です．

2006 年 9 月

松岡 由幸

目　　次

第1章　製品開発と統計解析　　1
　1.1　製品開発における統計解析 …………………………………… 2
　1.2　製品開発におけるモデリングと統計解析 …………………… 4
　　1.2.1　階層性を有するデザインモデル ………………………… 4
　　1.2.2　デザインモデルから見た製品開発と統計解析 ………… 6
　1.3　統計解析の適用における留意点 ……………………………… 7
　　1.3.1　物理現象に対する統計モデルの適用 …………………… 8
　　1.3.2　統計モデルの位置づけと適用上の留意点 ……………… 9
　参考文献 ………………………………………………………………10

第2章　基礎統計　　11
　記号表 …………………………………………………………………12
　2.1　母集団とサンプル ………………………………………………13
　2.2　データの種類と尺度 ……………………………………………14
　2.3　基本的な統計量 …………………………………………………15
　　2.3.1　分布の代表値 ………………………………………………15
　　2.3.2　分布の広がりを示す指標 …………………………………16
　　2.3.3　変数間の関連を示す指標 …………………………………17
　2.4　確率分布 …………………………………………………………19
　　2.4.1　確率密度関数 ………………………………………………19
　　2.4.2　正規分布 ……………………………………………………20
　　2.4.3　χ^2分布 …………………………………………………23
　　2.4.4　Γ分布 …………………………………………………24

		2.4.5 t 分布 ································ 26
	2.5	推定 ···································· 27
		2.5.1 推定の分類 ···························· 27
		2.5.2 平均値の推定 ·························· 28
		2.5.3 分散の推定 ···························· 28
	2.6	検定 ···································· 29
		2.6.1 検定の手順 ···························· 29
		2.6.2 基準値との比較 ························ 31
		2.6.3 2つの母集団の比較 ···················· 33
		2.6.4 両側検定と片側検定 ···················· 38

参考文献 ·· 39
第 2 章 演習問題 ·································· 41
第 2 章 演習問題 解答 ···························· 42

第 3 章 多変量解析　　　　　　　　　　　　45

記号表 ·· 46
3.1 多変量解析の種類 ···························· 47
3.2 重回帰分析 ·································· 48
　　3.2.1 重回帰分析の目的 ···················· 49
　　3.2.2 回帰式の算出法 ······················ 49
　　3.2.3 標準偏回帰係数 ······················ 54
　　3.2.4 分散分析 ···························· 55
　　3.2.5 重回帰式の評価尺度 ·················· 56
　　3.2.6 説明変数の選択 ······················ 57
　　3.2.7 事例と解析手順 ······················ 58
3.3 判別分析 ···································· 60
　　3.3.1 判別分析の目的と種類 ················ 60
　　3.3.2 線形判別関数 ························ 61
　　3.3.3 マハラノビスの汎距離 ················ 66
　　3.3.4 判定評価の方法 ······················ 68

3.3.5　事例と解析手順 ·· 69
　3.4　主成分分析 ··· 71
　　　3.4.1　主成分分析の目的 ·· 71
　　　3.4.2　主成分の考え方 ·· 72
　　　3.4.3　主成分得点 ·· 74
　　　3.4.4　固有値と固有ベクトル ·· 74
　　　3.4.5　主成分負荷量 ·· 74
　　　3.4.6　主成分の算出法 ·· 75
　　　3.4.7　寄与率 ·· 79
　　　3.4.8　主成分の数 ·· 79
　　　3.4.9　事例と解析手順 ·· 79
　3.5　因子分析 ··· 81
　　　3.5.1　因子分析の目的 ·· 82
　　　3.5.2　因子分析の考え方 ·· 82
　　　3.5.3　因子負荷量 ·· 85
　　　3.5.4　寄与率 ·· 90
　　　3.5.5　因子軸の回転 ·· 90
　　　3.5.6　因子得点の推定 ·· 93
　　　3.5.7　事例と解析手順 ·· 95
参考文献 ·· 97
第3章　演習問題 ··· 99
第3章　演習問題　解答 ·· 100

第4章　実験計画法　　　　　　　　　　　　　　　　　　　　　　　　　101

記号表 ·· 102
4.1　実験計画法の概要 ·· 103
4.2　分散分析 ·· 104
　　　4.2.1　分散分析の概要 ·· 105
　　　4.2.2　一元配置実験における分散分析 ·· 106

　　　　4.2.3　二元配置実験における分散分析（繰返しのない場合）
　　　　　　　……………………………………………………………………114
　　　　4.2.4　二元配置実験における分散分析（繰返しのある場合）
　　　　　　　……………………………………………………………………119
　4.3　直交表………………………………………………………………………124
　　　　4.3.1　直交表の概要………………………………………………………125
　　　　4.3.2　直交の概念と要因配置における直交………………………………127
　　　　4.3.3　水準和，水準別平均の計算と要因効果図の作成………………131
　　　　4.3.4　直交表利用時の注意事項…………………………………………134
　　　　4.3.5　直交表におけるわりつけ技法……………………………………139
　4.4　直交表データの分散分析…………………………………………………142
　　　　4.4.1　直交表へのわりつけと実験データ………………………………143
　　　　4.4.2　水準和，水準別平均の計算と要因効果図の作成………………143
　　　　4.4.3　変動の分解…………………………………………………………145
　　　　4.4.4　取り上げた因子の有意性の検定…………………………………147
　　　　4.4.5　純変動と寄与率の計算……………………………………………150
　参考文献……………………………………………………………………………151
　第4章　演習問題…………………………………………………………………153
　第4章　演習問題　解答…………………………………………………………154

第5章　品質工学　　155

記号表………………………………………………………………………………156
5.1　品質工学の体系……………………………………………………………157
5.2　パラメータ設計の概要……………………………………………………157
5.3　パラメータ設計における機能性評価……………………………………159
　　　　5.3.1　機能と機能性………………………………………………………159
　　　　5.3.2　品質の定義と品質評価の問題点…………………………………160
　　　　5.3.3　P-ダイアグラムの効用……………………………………………160
　　　　5.3.4　設計パラメータの非線形性の利用………………………………162
5.4　機能性の測度 SN 比………………………………………………………163

   5.4.1　SN 比の基本構成 …………………………………………164
   5.4.2　動特性と静特性 ……………………………………………165
   5.4.3　動特性の SN 比の基本構成 ………………………………167
   5.4.4　分散分析による SN 比の計算 ……………………………168
   5.4.5　動特性の SN 比の計算手順 ………………………………169
   5.4.6　動特性の SN 比の計算例 …………………………………171
   5.4.7　評価特性の分類と SN 比 …………………………………177
  5.5　パラメータ設計における直交表 ……………………………………186
   5.5.1　パラメータ設計における直交表の目的 …………………186
   5.5.2　要因効果図の作成と最適条件の選定 ……………………188
  5.6　パラメータ設計の実施手順 …………………………………………190
  参考文献 ………………………………………………………………………200
  第 5 章 演習問題 ……………………………………………………………201
  第 5 章 演習問題 解答 ……………………………………………………202

統計解析の誤用防止チェックリスト　　203

  基礎統計 ………………………………………………………………………204
  多変量解析 ……………………………………………………………………209
   多変量解析全般 …………………………………………………………209
   重回帰分析 ………………………………………………………………209
   判別分析 …………………………………………………………………209
   主成分分析 ………………………………………………………………210
   因子分析 …………………………………………………………………210
  実験計画法 ……………………………………………………………………211
  品質工学 ………………………………………………………………………212
  参考文献 ………………………………………………………………………213

付　　録　　215

和英索引　　229

英和索引　　233

第1章

製品開発と統計解析

　本章では，製品開発における統計解析の意義と目的について述べる．まず，製品開発の各過程でどのような統計解析が用いられているかを示す．また，製品開発に統計解析が必要とされる理由を示すとともに，統計解析を適用するうえでの留意点について解説する．

1. 製品開発と統計解析

1.1 製品開発における統計解析

　工業製品の開発には，市場調査，企画，デザイン，設計，実験，解析，試作生産などの過程がある．**統計解析**（statistical analysis）は，これらの各過程において用いられている．たとえば，市場調査や企画では，需要動向分析や市場における企画案の満足度や販売の予測など，デザインや設計では，各特性要因の関係解析や重要度分析およびそれらに基づく評価の予測などが行われ，これらに多変量解析や品質工学などの統計解析が活用されている．また，実験や解析では，実験計画時の条件設定や実験結果のデータ分析などに，実験計画法，品質工学，および多変量解析などが用いられている．さらに，試作生産では，生産工程上の寸法や品質のばらつき制御，生産効率の分析などに多変量解析，品質工学，実験計画法などが用いられ，正規生産への準備が進められている（図1-1参照）．
　このように統計解析は，製品開発の各過程において多用されている．それではなぜ，統計解析が製品開発に多用されているのだろうか？この主な理由として，以下の2つが挙げられる．
　その1つは，製品の寸法や材料には必ずばらつきが存在するためである．このばらつきは，製品の機能や品質に大きな影響を及ぼす．そのため，特に生産工程においては，機能や品質に影響を及ぼす製品特性に注目し，そのばらつきを統計的に管理する必要がある．これにより，生産された全製品が満足な機能や品質を確保するように，製品特性を常に許容公差の範囲内に収めるべく工程を管理する．そして，この工程管理のために，設計の過程においては，寸法や材料がばらついても機能や品質に影響を及ぼしにくい製品の形態・構造・システムの設計が行われるとともに，安定した機能や品質を確保するために不可欠

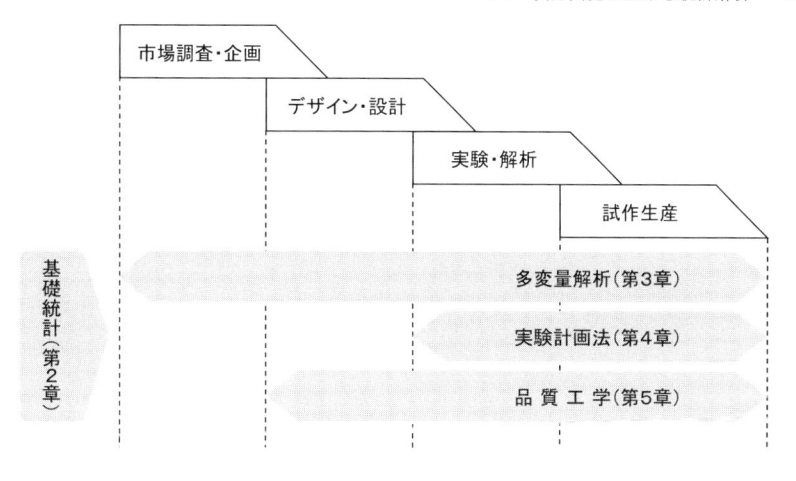

図1-1 製品開発に用いられる統計解析の例

な製品特性の許容公差設定などが必要とされる．また，試作生産の過程においては，それらの製品特性のばらつきを極力少なくする工程設計や設備設計が行われるとともに，ばらつきに関する生産能力予測と対応策の検討が重要課題として実施される．そのため，これらの設計や試作生産の過程においても，統計解析が活用されている．

もう1つは，製品が使用される環境に多様性が存在するためである．言うまでもなく，製品の機能は製品の特性のみで決定されず，ユーザの嗜好や使い方，さらにその製品が使用される力学的・化学的・電気的な環境条件などの使用環境に依存する．すなわち，製品の機能は，製品特性，ユーザ特性，および使用される環境特性の三者の関係で決定される．そのため，製品開発においては，多様なユーザ特性と環境特性を可能な限り定量情報として把握し，それらの情報を製品特性に反映させることが重要である．その製品特性への的確な反映により，多様なユーザや環境においても製品の機能を安定的に確保することがはじめて可能になる．統計解析は，その多様なユーザ特性や環境特性を定量情報として把握する手段として用いられている．ユーザ特性と環境特性を定量的に把握したうえで，企画，デザイン，設計を遂行することが，製品開発上の成功の鍵を握っている．

さて，以上に述べたことは，統計解析が必要とされる一般的な理由である．

しかし，製品開発に統計解析が多用される理由はそれだけではない．実は，もう1つの本質的な理由が存在する．それは，製品開発に必要とされる知識が，未だ科学的に解明されていないことである．製品開発に利用すべき多くの情報は，未だ物理・化学・電気特性などの科学的な知識として表現できていないものが多い．そのため，やむなく統計的に表現する知識を製品開発に利用しているのが現状であろう．元来，製品開発に用いる知識は科学的に解明された知識から利用されるべきである．しかし，現時点においては未解明な現象が多く，これが，製品開発に統計解析を多用する本質的な理由となっている．次節にて，製品開発におけるモデリングの観点からこれに関する詳細を述べる．

1.2 製品開発におけるモデリングと統計解析

製品開発における統計解析の主要な目的は，製品にかかわる現象の**モデリング**（modeling）とそれにより得られる**モデル**（model）を用いた製品評価，需要，販売などの予測の2つに大別される．前者のモデリングとは，製品に関与するさまざまな現象を解明し，対象とする現象の要因（要素）間の関係を明確にすることである．このモデリングにより獲得した知識は，製品開発における目標特性と製品特性や製品特性間の関係を明示した**デザインモデル**（design model）として活用される．また，このモデリングは，後者の製品評価や需要などの予測結果を左右することからも，製品開発において非常に重要な意味を持つ．

そこで，以降に，製品開発におけるモデリングについて，デザインモデルを用いて解説する．

1.2.1 階層性を有するデザインモデル

デザイン学や設計工学において，デザインの本質的行為は，製品に対する精神的価値や心理的意味が存在する**心理空間**（psychological space）から，製品の物理的状態や属性が存在する**物理空間**（physical space）への**写像**（mapping）であるといわれている[1],[2]．そこで，この概念をもとにして，対象を"デザイン行為"から"製品開発"へと拡張すると，「製品開発は，価値や意味を開発の狙いとして製品の状態や属性を創り出す行為である」となり，製品開発の本質が

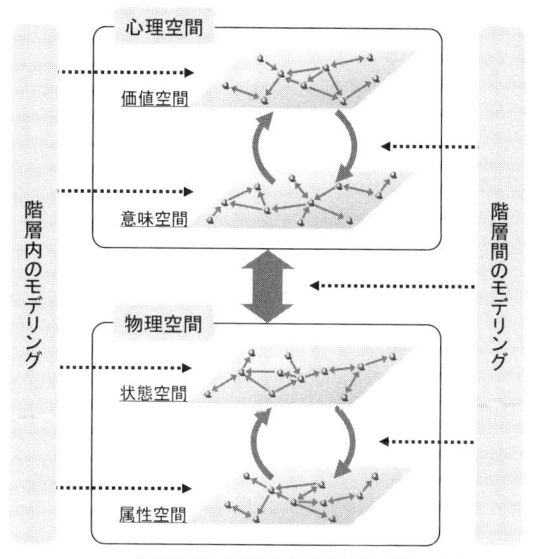

図1-2 階層性を有するデザインモデル

表現可能となる．そこで，ここでは製品開発という行為を考察するため，デザイン行為を一般的に表現可能な階層性を有するデザインモデル[3]を紹介する．

図1-2に示すように，このデザインモデルは，物理空間を構成する**属性空間**（attribute space）と**状態空間**（state space），心理空間を構成する**意味空間**（meaning space）と**価値空間**（value space）の4階層から成る．ここで言う，**属性**（attribute）とは，製品の寸法，材料，色などを含めた図面に記載できる特性である．**状態**（state）とは，製品の力学的，化学的，電気的性質およびその時間的な変化・遷移のことであり，これらは製品が使用される場に依存する．**意味**（meaning）とは，製品の機能，イメージなど人間が製品の属性や状態から認知する特性である．**価値**（value）とは，人間が認知した製品の意味に対する個人的，社会的，文化的有用性などの認識である．また，各空間には，それぞれ属性，状態，意味，価値の要素および要素間の関係の集合が存在する．さらに，本モデルには，各階層内における要素間の関係を示すモデルと階層間の関係を示すモデルが存在し，製品開発のためには，各モデリングが必要となる．

1.2.2 デザインモデルから見た製品開発と統計解析

デザインモデル上の意味空間と価値空間は人間の主観に依存する心理空間である．一方，属性空間と状態空間は人間の主観に依存しない物理空間である．そして，デザイン行為は，この意味空間や価値空間で構成される心理空間から，属性空間や状態空間で構成される物理空間へ写像する行為とされており，デザイン行為を製品開発に置き換えても同様のことがいえる．

この行為を，自動車の加速性能に関する製品開発を事例として考えてみる．一般に加速性能の製品開発を行う場合，まず，ターゲットとするユーザがどのような加速を求めており，その加速がユーザにとっていかなる価値を生むのかを検討する必要がある．この検討をデザインモデル上で表現すると，ユーザが求めている意味空間における「加速」の概念と価値空間における価値との関係を明らかにすることになる．次に，価値との関係が明らかになった意味空間上の「加速」の概念を明確な目標特性とするために，加速度などの状態空間上の製品特性で定量的に設定する．つづいて製品開発では，その状態空間上に設定された定量目標を達成可能とする自動車の属性（エンジンの出力特性，車両重量，駆動系の摺動抵抗などに関与する属性空間上の製品特性）を求めていく．そして，求めた属性はデザイン仕様（設計解）と置かれ，製品化が進められる．

ここで，加速度などの状態空間における製品特性を目標特性としていかに設定するかが問題となる．自動車の加速度は一定ではなく，時間とともに非線形に変化する．このような状況下，状態空間の製品特性を加速性能の目標特性としてどのように設定するかという問題の答えは一意に決まるものではない．自動車を使用するユーザ特性や使用環境により答えはさまざまである．F1 レーシングカーの場合と一般乗用車の場合とでは，当然目標とすべき状態空間上の製品特性は異なる．また，一般乗用車の場合においても市街地を常時運転するファミリィ用コミューターとアウトバーン走行の頻度が高いスポーティカーでは，それぞれの使用環境に呼応した最適な目標特性が存在するであろう．さらに，ユーザの運転技術や嗜好・価値観によっても目標特性として設定すべき状態は異なってくる．特に嗜好・価値観の問題は難しく，この問題が関与する場合には，実用性としての加速性能自身が問題ではなく，嗜好・価値観に合致する意味空間上の加速感が開発上の実質的な問題となる．

このように，目標特性を状態空間上に設定するためには，どのようなユーザがいかなる環境で使用するかをしっかりと調査し，的確なニーズを把握することが必須である．換言すれば，自動車の加速性能に対してどのような意味と価値が求められているかを詳細に解明することが必要とされるのである．このことは，デザインモデルにおいては，意味空間と価値空間を含んだ心理空間における解析を通じたモデリングとして実施される．さらに，意味空間と価値空間で解析されたユーザニーズは，定量的な状態空間上の製品特性として翻訳される必要がある．そして，この翻訳のためには，心理空間から物理空間における状態空間への写像を可能とする階層間のモデリングが必要である．この階層間のモデリングの結果（モデル）を用いて，心理空間から物理空間への翻訳が行われ，物理空間内での製品開発が進められる．

以上の背景から，製品開発においては，意味や価値などの人間の主観に依存する心理空間に注目し，その空間内の解析を通じたモデリングと心理空間から物理空間への写像モデリングが必要である．また，それらのモデリングが製品開発の成功に大きく関与していることも理解できる．そして，それらのモデリングには統計解析を適用することが一般的である．現在の科学では，心理空間に絡む問題の多くに，物理現象としての解析を用いることが難しい．そのため，統計解析を用いて**統計モデル**（statistical model）を構築し，そのモデルを用いて製品の価値や意味を操作することが，製品開発において重要な課題となっている．

1.3 統計解析の適用における留意点

前節までに，心理空間に絡むモデリングが大きな課題となっていることを解説した．そして，それらのモデリングには統計解析が一般的に使用され，それにより得られる統計モデルが，製品開発に多用されていることを示した．しかしながら，統計モデルは，企業における実際の製品開発において，心理空間に関与する問題だけに適用されているわけではない．実は，物理空間内の物理現象モデリングにも統計解析が多く用いられている．

そこで，ここでは，統計モデルとその他のモデルを比較して，モデル適用の

観点から製品開発における統計モデルの位置づけについて考察する．

1.3.1 物理現象に対する統計モデルの適用

製品開発において，物理空間内における現象のメカニズムをモデリングする際，統計モデルや微分方程式モデルなどの**数学モデル**（mathematical model）がよく用いられる．一般に，統計モデルは対象が分布を持つ場合に採用され，多くの入出力データを準備し，そのデータからモデルを同定することで獲得される．その一方，微分方程式による数学モデルは，たとえば，フックの法則を用いて応力を求めるなど，主にデータ間の物理的な関係を直接的に表現する．これまでの多くの物理空間上の問題にはこのような微分方程式モデルが多く用いられてきた．

ここで，統計モデルと物理現象を直接的に表現する微分方程式モデルの両特徴に注目し，それらをいかに製品開発に適用すべきかについて考察を行う．元来，物理空間における現象のメカニズムをモデリングする場合，まず，現象を表現する物理モデルを構築する．そして，その物理モデルを微分方程式などの数学モデルへ変換し，そのモデルを適用することが望ましいとされてきた．その理由は，このモデルがメカニズムをより理論的に記述できるとともに，研究により得られた知識を累積しやすく，科学技術の発展への貢献が大きいためである．そのため，製品開発においては，いきなり統計モデルを構築するのではなく，まずは微分方程式などの数学モデルに取り組むという姿勢が肝要であろう．確かに，統計モデルは理論的考察をさほど伴わなくとも，適用が可能である．しかし，安易に統計モデルを適用するのではなく，微分方程式モデルなどの適用が難しい場合にのみ統計モデルを用いることが，現象の本質的な理解のためにも，また科学の発展のためにも有効である．

しかしながら，実際のところ，物理空間内の現象に関しては，物理現象を直接的に表現する微分方程式モデルなどの数学モデルを適用できない問題も数多く存在する．このような場合には，統計モデルを活用することも当座の問題解決策として有効である．ただし，単に統計モデルを製品の開発に適用するだけでなく，得られた統計モデルに基づき新たに物理現象を表現する数学モデルを構築することが望まれる．なぜならば，当座の問題解決として得られた統計モ

デルは，要因間の関係などの物理的なメカニズムを示唆する場合が多いためである．そのため，その示唆を生かし，物理現象の数学モデルの構築を推し進めることが製品開発には重要と考える．

1.3.2 統計モデルの位置づけと適用上の留意点

ここでは，統計モデルと他のモデルとの関係について考察することで，統計モデルの位置づけを明確にするとともに，統計モデルの適用上の留意点について述べる．

製品開発によく用いられるモデルには，統計モデルや微分方程式モデルなどの数学モデルの他に，**構造モデル**（structural model）がある．構造モデルとは，QFD（quality function deployment）[4]，FTA（fault tree analysis）[5]，ISM（interpretive structural modeling）[6]などに代表されるように要因間の因果関係に注目し，定性的な因果関係の記述を行うモデルである．このモデルは，大域的で複雑な問題の構造（要因の因果関係）の解明を主な目的としており，対象とする問題の全体構造を明らかにする場合に有利である．そのため，製品開発の初期段階における基本的な構造の設計や複雑なシステムの問題解決などに用いられることが多い．

ここで，統計モデルの位置づけを明確にするために，構造モデルや微分方程式モデルとの特徴の比較を行った．その結果を図 1-3 に示す．この図によると，統計モデルは，構造モデルに比べて定量的であり，局所的問題に適用される傾向がある．その一方，微分方程式モデルに比べると，相対的に定性的であり，大域的問題に適用される傾向がある．

また，この図において，左上の構造モデルから右下の微分方程式モデルへと移行するにつれて，各モデルの適用可能な問題が大域的問題から局所的問題へ推移することがわかる．このことは同時に，構造モデルが大域的に新たな製品仕様を探索する問題に適しており，製品開発の上流過程での適用が相応しいことを示している．その一方，微分方程式モデルは，ある程度の製品仕様や構造がすでに固定されており，その条件内で製品仕様を最適化する問題に適しており，製品開発の下流過程において適用が容易になる傾向を示している．このことは，製品開発における現状のモデル適用の様子をよく反映しているといえる．

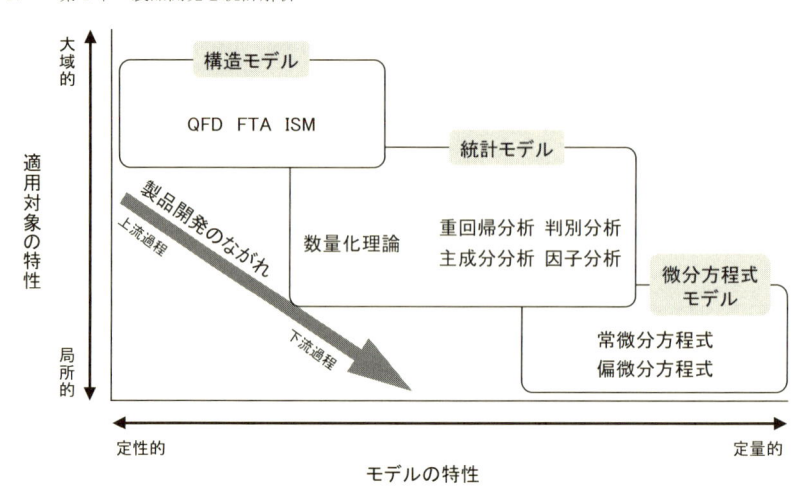

図1-3 統計モデルの位置づけ

そして，統計モデルに関していえば，それらのモデルの中間に位置していることが特徴である．そのため，統計モデルの適用に関しては，そのような位置づけを鑑み，他の各種モデルとの使い分けを睨みつつ，製品開発の各段階において，対象とする問題に相応しい適用を図ることが望まれる．

参考文献

(1) Suh, N. P. : *The Principles of Design*, Oxford University Press, 1990.
(2) Matsuoka, Y. : Method for Constructing an Inverse Reasoning System for Form Generation from Product Image Objectives, *Proceedings of The 12th International Conference on Engineering Design*, 1999.
(3) 松岡由幸：『二つのデザイン』，日本機械学会誌，vol.108, no.1034, pp.14-17, 2005.
(4) 水野滋，赤尾洋二：『品質機能展開』，日科技連出版社，2000.
(5) Wang, J. X., Roush, M. L.（日本技術士会訳）：『リスク分析工学：FTA, FMEA, PERT, 田口メソッドの活用法』，丸善，2003.
(6) 室津義定 他：『システム工学』，森北出版，1980.

第2章

基礎統計

　統計解析の目的は，統計的な理論に基づき母集団の性質を論じることである．本章では，統計解析の際に用いるデータの種類と尺度，基本的な統計量を確認したうえで，さまざまな統計解析の基礎となる代表的な確率分布を紹介し，それらを用いた推定と検定について述べる．

記号表

f	:	自由度
F_0	:	正規分布にしたがう 2 組の母集団からサンプリングしたデータの分散比
$f(x)$	:	確率密度関数
g	:	度数
h	:	ヒストグラムの区間の幅
H_0	:	帰無仮説
H_1	:	対立仮説
k_u	:	尖度
n	:	全データ数
$N(\mu, \sigma^2)$	:	母平均 μ,母分散 σ^2 に従う正規分布
$P\{a \leq x \leq b\}$	:	$a \leq x \leq b$ となる確率
r	:	相関係数
R	:	範囲
r_s	:	順位相関係数
s	:	標準偏差
S	:	平均値からの差の自乗和
s_k	:	歪度
S_{xx}, S_{yy}	:	偏差平方和
S_{xy}	:	偏差積和
u	:	基準化後の変数 x
V	:	分散
$\bar{x}$	:	平均値
α	:	有意水準
μ	:	母集団の平均,母平均
σ	:	母集団の標準偏差,母標準偏差
χ^2	:	標準正規分布 $N(0, 1^2)$ にしたがう母集団からサンプリングしたデータの自乗和

2 基礎統計

2.1 母集団とサンプル

　研究や業務のなかで収集・測定されるさまざまなデータに対して統計的な処理を行うことで，有益な情報を取り出すことができる．データを収集・測定することを**サンプリング**（sampling）といい，サンプリングの対象となる集団を**母集団**（population）という（図 2-1）．母集団には，「100 個の試作品」のような**有限母集団**（finite population）と，「製造工程で作られる製品」のような**無限母集団**（infinite population）がある．有限母集団に比べて無限母集団のほうが扱いやすいため，母集団の構成要素が有限であっても将来にわたり同じものが作り出される場合や，サンプリングから得られるデータの個数より母集団の要素

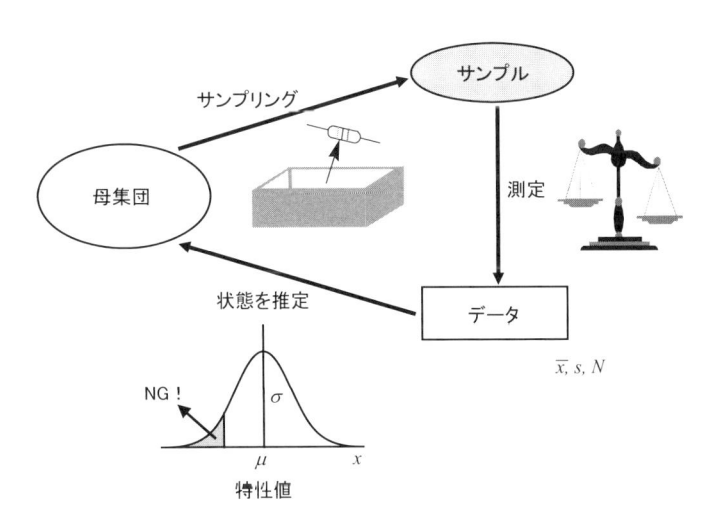

図 2-1　母集団とサンプル

の数が十分に多い場合は無限母集団として扱うことが多い．

一般的に，母集団の構成要素の全てを調査することは経済的理由から困難な場合が多い．そのため，母集団の一部をサンプルとして抽出し，そのデータから基礎統計量を算出したり，母集団がさまざまな確率分布に従うことを応用したりすることで，もとの母集団の性質を推定する．

なお，以下に述べる基礎統計について，より詳しく知りたい場合は，参考文献[1]〜[4]を参照されたい．

2.2 データの種類と尺度

データは，その種類や尺度によって分類される．種類による分類では，**質的データ**（qualitative data）と**量的データ**（quantitative data）に分けられる．質的データとは，工場で扱う製品の色や仕様など，定性的に求められたデータのことを指す．量的データとは，製品ごとの質量，寸法，および不良率など，定量的に求められたデータのことを指す．一方，尺度による分類では，以下の4つに分けられる．

名義尺度（nominal scale）：
製品を区別するために，それらに対して 1,2,3,... などの一連の番号を与える場合，これらの数値を名義尺度という．対象の質的相違を直接表現するものであり，同一の対象には同じ数値が，異なる対象には異なる数値が与えられる．この尺度値の四則演算には意味がない．

順序尺度（ordinal scale）：
製品の満足度を調査するために，何らかの基準で順序をつけて，その順序を1位,2位,3位,... などの一連の番号で表す場合，これらの数値を順序尺度という．これらの値は対象の順序関係を表しているだけで，厳密にはその間隔は等間隔とはいえず，この尺度値の四則演算には意味がない．序数尺度ともいう．

間隔尺度（interval scale）：
一定の測定単位（たとえば℃）に基づいて測定されているが，尺度の原点（零点）が任意に設定されている場合，これを間隔尺度という．この値は，数値の差の等価性（20℃ − 10℃ = 30℃ − 20℃）が保証されているので，加算と減算はでき

るが，乗算と除算には意味がない．距離尺度ともいう．

比例尺度（ratio scale）：

数値の差の等価性が保障されると同時に，尺度の原点が一意に定められる場合，これを比例尺度という．この値は，数値の比の等価性も保障されており，加減乗除の四則演算が可能である。以上より，データから得られる情報は，比例尺度で求められた量的データで扱われることが多い．

2.3 基本的な統計量

求めたデータに対して度数分布表やヒストグラムを用いることにより，値の出てくる頻度やばらつきなどの集団としての性質を定性的に理解することができる．また，2つのデータから散布図を作成すると，データ間の関連を定性的に示すことができる．以下では，データの統計的な性質を定量的に表現することができる基本的な統計量について述べる．

なお，これらを用いる場合は，データ中の外れ値の存在に留意する必要がある．外れ値は必ずしも異常値とは限らないので，取り除くか否かは固有技術上の観点に基づき慎重に検討する必要がある．

2.3.1 分布の代表値

平均値（average）：

データの分布の中心位置を表す指標．n 個のデータが $x_1, x_2, \ldots, x_n$ である場合，平均値 $\bar{x}$ は次式で定義される．

$$\bar{x} = \frac{x_1 + x_2 + \cdots + x_n}{n} = \frac{\sum_{i=1}^{n} x_i}{n} \tag{2-1}$$

平均値は，分布の歪みや外れ値の影響を大きく受けるため，それらの扱いには注意する．

中央値（median）：

データの分布の中心位置を表す指標．データを昇順（小さいほうから大きいほうへの順）に並べたとき，データが奇数個なら中央に位置するデータの値，

データが偶数個なら中央に位置する 2 つのデータの平均値として定義される．中央値は，分布の歪みや外れ値による影響が小さいため，歪んだ分布や外れ値を含む分布における代表値として適切である．

最頻値（mode）：
データの分布の中心位置を表す指標．集められたデータのなかで最も多く現れた値として定義される．

2.3.2 分布の広がりを示す指標

分散（variance）：
データの分布の広がり（ばらつき）を表す指標．各測定値の平均値からの差の自乗和 S を，**自由度**（degree of freedom）f で除した量を分散（不偏分散）V として，次式で定義される．なお，自由度とは，自乗和を構成する変数のうち独立に動くことのできる最大個数を意味する．確率変数間になんらかの制約条件があれば，その制約数を差し引いた値が自由度となる．この場合は，データから平均値を推定しているため自由度は 1 つ減り，$f = n-1$ となる．

$$V = \frac{S}{f} = \frac{\sum_{i=1}^{n}(x_i - \bar{x})^2}{n-1} \tag{2-2}$$

標準偏差（standard deviation）：
データの分布の広がりを表す指標．分散 V の平方根をとったものの正の量である．標準偏差 s は次式で定義される．

$$s = \sqrt{V} \tag{2-3}$$

標準偏差は，分布の歪みや外れ値の影響を大きく受けるため，歪んだ分布や外れ値を含む分布においてはデータのばらつきを正しく表すことができない．

範囲（range）：
簡易的にデータの分布の広がりを表す指標．データの数が少ない場合（10 以下）に用いられることがある．範囲 R は，x_{max} をデータの最大値，x_{min} をデータの最小値とすれば，次式で定義される．

$$R = x_{max} - x_{min} \tag{2-4}$$

2.3.3 変数間の関連を示す指標

相関係数（correlation coefficient）:

2つの変数間での比例関係の強さを表す指標．一般に，相関係数とはピアソンの積率相関係数のことをいう．変数 x と変数 y の相関係数 r は次式で定義される．

$$r = \frac{S_{xy}}{\sqrt{S_{xx}S_{yy}}} \tag{2-5}$$

ここで，S_{xx}, S_{yy} は**偏差平方和**（sum of squares），S_{xy} は**偏差積和**（sum of products）といい，次式で定義される．

$$S_{xx} = \sum_{i=1}^{n}(x_i - \bar{x})^2 = \sum_{i=1}^{n}x_i^2 - n\bar{x}^2 \tag{2-6}$$

$$S_{yy} = \sum_{i=1}^{n}(y_i - \bar{y})^2 = \sum_{i=1}^{n}y_i^2 - n\bar{y}^2 \tag{2-7}$$

$$S_{xy} = \sum_{i=1}^{n}(x_i - \bar{x})(y_i - \bar{y}) = \sum_{i=1}^{n}x_i y_i - n\bar{x}\,\bar{y} \tag{2-8}$$

相関係数 r は $-1 \leq r \leq 1$ の範囲をとる数値であり，2変数の**散布図**（scatter diagram）は r の値により図2-2のようになる．

例として，表2-1より相関係数を求めると，

$$r = \frac{234}{\sqrt{210 \times 346}} = \frac{234}{\sqrt{72660}} = 0.87 \tag{2-9}$$

となる．

なお，相関係数が等しい場合でも，データの散布図を書いてみると分布が大きく異なる場合があり，必ずしも関係性が等しくはならない．そのため，相関

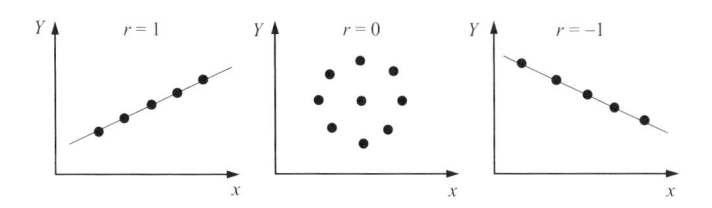

図2-2 変数間の関係性と相関係数

表 2-1 身長と体重の関係

	身長(cm) y_i	体重(kg) x_i	偏差 $y_i-\bar{y}$	偏差 $x_i-\bar{x}$	偏差平方和 $(y_i-\bar{y})^2$	偏差平方和 $(x_i-\bar{x})^2$	偏差積和 $(y_i-\bar{y})\times(x_i-\bar{x})$
A	165	60	-10	-8	100	64	80
B	168	62	-7	-6	49	36	42
C	176	64	1	-4	1	16	-4
D	172	66	-3	-2	9	4	6
E	174	68	-1	0	1	0	0
F	171	70	-4	2	16	4	-8
G	177	71	2	3	4	9	6
H	182	72	7	4	49	16	28
I	181	73	6	5	36	25	30
J	184	74	9	6	81	36	54
計	1750	680	0	0	346	210	234
平均	175 $\bar{y}$	68 $\bar{x}$			↓ S_{yy}	↓ S_{xx}	↓ S_{xy}

係数だけで 2 つの変数間の関係を判断するのではなく，散布図で確認を行う必要がある．また，第 3 変量 z が x と y に影響を与えているために，見かけ上 x と y の間に相関関係がみられる**疑似相関**（spurious correlation）の可能性もあるため，固有技術上の観点に基づく検討も必要となる．

順位相関係数（rank correlation coefficient）：

扱っている変量が順序尺度の場合，前述の積率相関係数は適用できない．その場合，スピアマンの順位相関係数を用いることで同様に変量間の関連性を求めることができる．順位相関係数 r_s は次式で定義される．

$$r_s = 1 - \frac{6\sum d^2}{n^3-n} \tag{2-10}$$

ここで，d は順位の差である．例として，表 2-2 より順位相関係数を求めると，

$$r_s = 1 - \frac{6\times 20}{10^3-10} = 0.88 \tag{2-11}$$

となる．

表 2-2 身長の順位と体重の順位の関係

	身長 y の順位	体重 x の順位	順位の差 d
A	1	1	0
B	2	2	0
C	3	6	3
D	4	4	0
E	5	5	0
F	6	3	−3
G	7	7	0
H	8	9	1
I	9	8	−1
J	10	10	0

2.4 確率分布

確率分布（probability distribution）とは，ある事象とその生起確率との対応関係を，生起し得る全事象について表したものである．確率分布には，離散的な値に対応する離散確率分布と，連続的な値に対応する連続確率分布がある．人の身長や体重，よく管理された製造工程での物の寸法や質量などのデータに対しては，その分布に関する統計的な性質が研究されており，確率分布は数式で表現される．確率分布を用いることで，後述する推定や検定を行い，値の範囲の予測結果がはずれてしまう危険性を統計的に検討することが可能となる．以下では，数式で表現される代表的な確率分布について述べる．

2.4.1 確率密度関数

図 2-3 に示すように，ヒストグラムの縦軸は度数 g だが，g のかわりに g/nh（n は全データ数，h はヒストグラムの区間の幅）をとると，ヒストグラム全体の面積が 1 になるように基準化することができる．そのうえで，データ数 n を増加させ区間の幅 h を減少させていくと，ヒストグラムは図 2-3 に示すように滑らかな分布曲線に収束していく．

この分布曲線を表す $f(x)$ を**確率密度関数**（probability density function）という．確率密度関数に関しては，全ての x に対して以下に示す関係が成立する．

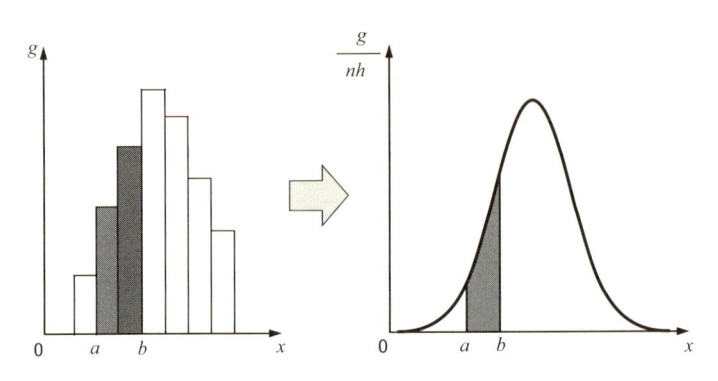

図 2-3　ヒストグラムと確率密度関数

$$f(x) \geq 0, \quad \int_{-\infty}^{\infty} f(x)dx = 1 \tag{2-12}$$

いま x の任意の値 a および b をとると，$a \leq x \leq b$ となる確率が図 2-3 の網掛部の面積として示されることになる．$a \leq x \leq b$ となる確率は $P\{a \leq x \leq b\}$ と表し，$P\{a \leq x \leq b\}$ に関して以下に示す関係が成立する．

$$P\{a \leq x \leq b\} = \int_a^b f(x)dx \tag{2-13}$$

2.4.2　正規分布

19 世紀のドイツの数学者ガウス（J. C. Friedrich Gauss, 1777-1855）は，誤差の確率分布が**正規分布**（normal distribution）となること，および正規分布を表す確率密度関数を発見した[5]．データの分布の多くは正規分布とみなしてよいことが多く，実際に工業製品の特性値の分布などで，正規分布に基づく統計解析の手法が幅広く用いられている．

正規分布の確率密度関数 $f(x)$ は次式で定義される．

$$f(x) = \frac{1}{\sqrt{2\pi}\sigma} \exp\left\{-\frac{1}{2\sigma^2}(x-\mu)^2\right\} \quad (-\infty < x < \infty, \ \sigma > 0) \tag{2-14}$$

ここで，μ は母集団の平均，σ は母集団の標準偏差を表す．

正規分布は，平均を中心とした左右対称の分布をしている．求めたデータの正規分布からのずれを定量的に表す指標として，**歪度**（skewness）と**尖度**

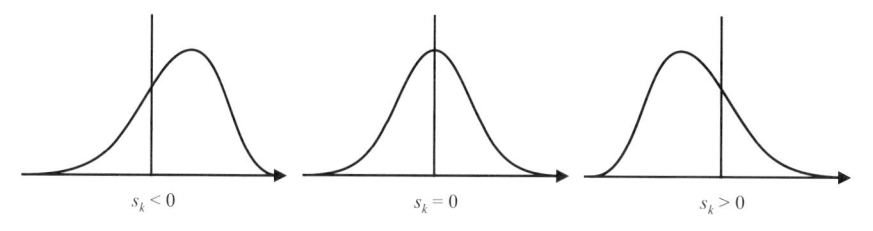

図 2-4　分布の形状と歪度

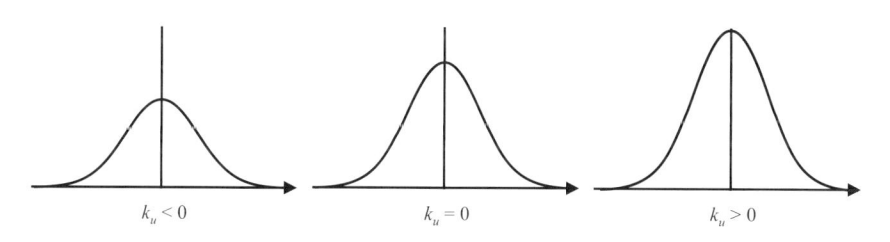

図 2-5　分布の形状と尖度

（kurtosis）がある．

　歪度 s_k は次式で示され，図 2-4 に示すように，$s_k<0$ の場合に右に歪んだ（左に裾を引く）分布となり，$s_k=0$ の場合に左右対称の分布，$s_k>0$ の場合に左に歪んだ（右に裾を引く）分布となる[6]．

$$s_k = \frac{\sum (x-\bar{x})^3}{ns^3} \tag{2-15}$$

式(2-15)は正規分布の場合に 0 となるため，算出された歪度の 0 からの差をみることで，正規分布からのずれを定量的に把握することができる．

　尖度 k_u は次式で示され，図 2-5 に示すように，$k_u<0$ の場合に正規分布よりも扁平な分布となり，$k_u=0$ の場合に正規分布，$k_u>0$ の場合に正規分布よりも中央が尖り，裾が長く引かれる分布となる[6]．

$$k_u = \frac{\sum (x-\bar{x})^4}{ns^4} - 3 \tag{2-16}$$

　なお，母集団が正規分布にしたがうと仮定してもよい場合，μ と σ^2 はサンプルデータから推定する．具体的には，n 個のサンプルデータの平均により μ を推

定し，分散 V により σ^2 を推定する．

正規分布は，μ と σ の 2 つの値が決まると確率密度関数 $f(x)$ の形が決まるので，正規分布を $N(\mu, \sigma^2)$ と表す．また，正規分布 $N(\mu_1, \sigma_1^2)$，$N(\mu_2, \sigma_2^2)$ にしたがう 2 組の母集団がある場合，おのおのから抽出したサンプルにおけるデータの和は正規分布 $N(\mu_1 + \mu_2,\ \sigma_1^2 + \sigma_2^2)$ にしたがい，データの差は正規分布 $N(\mu_1 - \mu_2,\ \sigma_1^2 + \sigma_2^2)$ にしたがう．これを正規分布の加法定理という．

図 2-6 に示すような，$\mu=0$，$\sigma=1$ となる正規分布を特に**標準正規分布**（standardized normal distribution）と呼ぶ．$N(\mu, \sigma^2)$ にしたがう任意の確率変数 x は次式により基準化（正規化）でき，求めた u は標準正規分布 $N(0,\ 1^2)$ にしたがう．

$$u = \frac{x - \mu}{\sigma} \tag{2-17}$$

正規分布についての確率を求める場合には，付録の付表 1 に示す正規分布表（片側）を活用する．具体的には，図 2-7 に示すように以下のとおりに用いる．

(1) u を小数点以下 2 桁目まで考える．
(2) 小数点以下 1 桁目に当てはまる u の行を探す．
(3) 小数点以下 2 桁目に当てはまる u の列を探す．

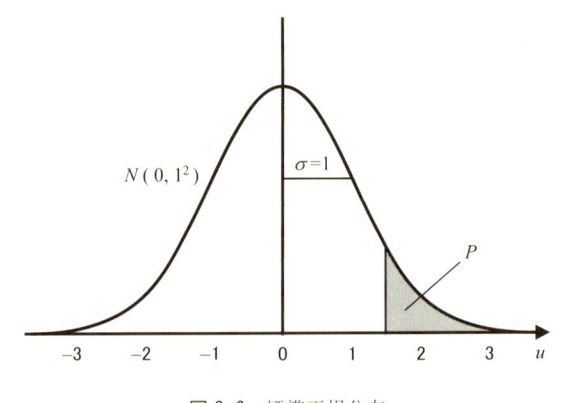

図 2-6　標準正規分布

u	.00	.01	.02	.03	.04	.05	.06	.07	.08	.09
0.0	.5000	.4960	.4920	.4880	.4846	.4801	.4761	.4721	.4681	.4641
0.1	.4602	.4562	.4522	.4483	.4443	.4404	.4364	.4325	.4286	.4247
:	:	:	:	:	:	:	:	:	:	:
1.9	.0287	.0281	.0274	.0268	.0262	.0256	.0250	.0244	.0239	.0233
:	:	:	:	:	:	:	:	:	:	:

図 2-7 正規分布の見方

2.4.3 χ^2 分布

母集団の多くが正規分布にしたがうことから,正規分布にしたがう母集団からサンプリングしたデータをもとに平均や分散を求めることが多い.分散は,2.3.2 項で述べたように,平均からの偏差の自乗和を自由度で除すことにより求められる.標準正規分布 $N(0, 1^2)$ にしたがう母集団からサンプリングしたデータ $Z_1, Z_2, Z_3, \ldots, Z_n$ の自乗和 $\chi^2 = Z_1^2 + Z_2^2 + Z_3^2 + \cdots + Z_n^2$ は,自由度 $f=n$ のχ^2 分布 (chi-square distribution) にしたがう.また,正規分布 $N(\mu, \sigma^2)$ から求めたデータの自乗和に関しては,Z_i を基準化して

$$\chi^2 = \frac{\sum_{i=1}^{n}(Z_i - \mu)^2}{\sigma^2} \tag{2-18}$$

とすると,この χ^2 も自由度 $f=n$ の χ^2 分布にしたがう.

母集団の平均値 μ が未知の場合は,サンプルデータから $\overline{Z}$ を求め,次式に代入する.

$$\chi^2 = \frac{\sum_{i=1}^{n}(Z_i - \overline{Z})^2}{\sigma^2} \tag{2-19}$$

この場合は,データから平均値を推定しているため自由度が 1 つ減り,自由度 $f=n-1$ の χ^2 分布にしたがう.

χ^2 分布の確率密度関数(自由度 $f=n$)は Γ 関数を用いた次式で定義される.

$$f(x) = \begin{cases} \dfrac{1}{2^{\frac{n}{2}} \Gamma\left(\dfrac{n}{2}\right)} x^{\frac{n}{2}-1} e^{-\frac{x}{2}} & (x > 0) \\ 0 & (x \leq 0) \end{cases} \tag{2-20}$$

ただし,

$$\Gamma(z) = \int_0^\infty t^{z-1} e^{-t} dt \tag{2-21}$$

である.

図 2-8 に χ^2 分布の確率密度関数のグラフを示す. 図示のとおり, χ^2 分布は自由度により分布の形が変化する特性を持っている. 標準正規分布の自乗和から算出しているので, χ^2 は負の値をとらずに自由度が大きいほど頂点が x 軸の右の方向へ移動していく.

χ^2 分布についての確率を求める場合には, 付録の付表 3 に示す χ^2 分布表を活用する.

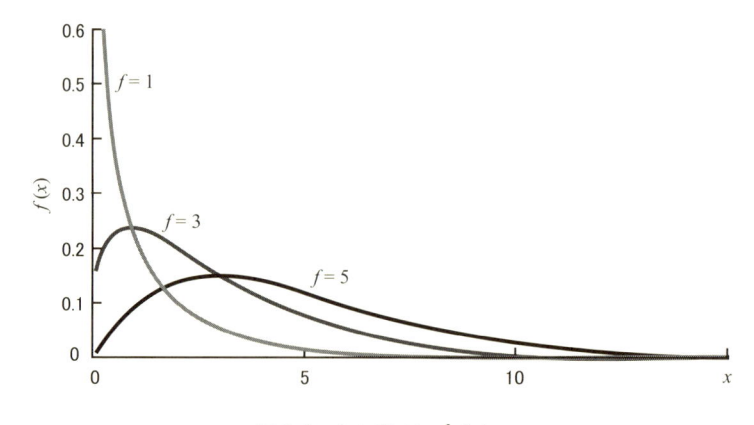

図 2-8　自由度 f と χ^2 分布

2.4.4　F 分布

個別に求められた 2 組のデータに基づき, ばらつきの差を定量的に比較する際には分散の比較を行う. その際, 2 つの分散がしたがう確率分布に基づき, 両者の差の有意性を統計的に示すことができる.

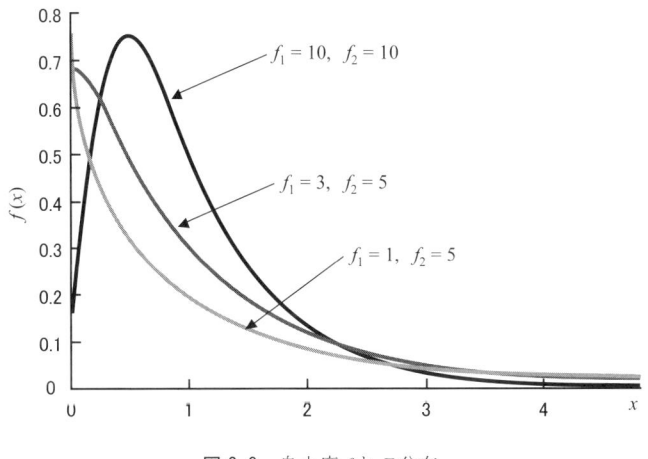

図 2-9 自由度 f と F 分布

正規分布にしたがう2組の母集団がある．それぞれからサンプル数 n_1, n_2 のデータを抽出して分散 V_1, V_2 を算出し，その分散比

$$F_0 = \frac{V_1}{V_2} \tag{2-22}$$

を求めると，この F_0 は自由度 $f_1 = n_1 - 1$, $f_2 = n_2 - 1$ の **F 分布**（F distribution）にしたがう．ただし，$V_1 > V_2$ である．

F 分布の確率密度関数（自由度 $f_1 = m$, $f_2 = n$）を図 2-9 に示す．この関数は B 関数を用いた次式で定義される．

$$f_{m,n}(x) = \begin{cases} \dfrac{m^{\frac{m}{2}} n^{\frac{n}{2}}}{B\left(\dfrac{m}{2}, \dfrac{n}{2}\right)} \cdot \dfrac{x^{\frac{m}{2}-1}}{(mx+n)^{\frac{m+n}{2}}} & (x > 0) \\ 0 & (x < 0) \end{cases} \tag{2-23}$$

ただし，

$$B(x, y) = \int_0^1 t^{x-1}(1-t)^{y-1} dt \tag{2-24}$$

である．

F 分布についての確率を求める場合には，付録の付表 4 に示す F 分布表を活

用する.

2.4.5 t 分布

20世紀初頭,英国のビール醸造会社ギネスの技師だったゴセット(W. Sealy Gosset, 1876-1937)により t 分布(t distribution)が発見された[5]. サンプル数を大規模に集めて正規分布を適用する従来の手法は,ビール醸造の現場では適用困難であり,データの分布がサンプル数により正規分布から外れる現象を研究するなかで t 分布は発見された. この t 分布の発見により,少数のサンプルから母集団を推定する理論が構築された.

正規分布 $N(\mu, \sigma^2)$ からサンプリングした n 個のデータの平均値 $\bar{x}$ の分布は $N(\mu, \sigma^2/n)$ にしたがう. $\bar{x}$ を基準化すると,

$$u = \frac{\bar{x} - \mu}{\sqrt{\frac{\sigma^2}{n}}} \tag{2-25}$$

となる. 通常,母集団の分散は未知であることが多い. ここで,データから分散 V を求めて上式の σ^2 に代入した値 t(次式)は,正規分布ではなく自由度 $f = n-1$ の t 分布にしたがう.

$$t = \frac{\bar{x} - \mu}{\sqrt{\frac{V}{n}}} \tag{2-26}$$

t 分布は,図 2-10 に示すとおり 0 を中心とした左右対称の分布で,形状は正規分布とほとんど相違ない. また,自由度 $f=n-1$ の増加にともない尖度が高くなり,しだいに正規分布に収束する.

t 分布の確率密度関数(自由度 $f=n$)は次式で定義される.

$$f(x) = \frac{1}{\sqrt{n}B\left(\frac{n}{2}, \frac{1}{2}\right)}\left(1 + \frac{x^2}{n}\right)^{-\frac{n+1}{2}} = \frac{\Gamma\left(\frac{n+1}{2}\right)}{\sqrt{n\pi}\,\Gamma\left(\frac{n}{2}\right)}\left(1 + \frac{x^2}{n}\right)^{-\frac{n+1}{2}} \tag{2-27}$$

t 分布についての確率を求める場合には,付録の付表 5 に示す t 分布表を活用する.

図2-10 自由度 f と t 分布

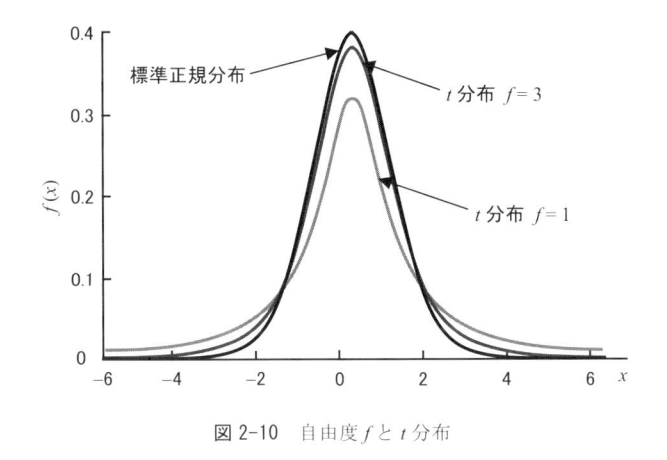

2.5 推定

 製品の寸法や質量，強度などのデータを求めた際に，同じ数の製品を再測定しても製品のばらつきにより平均値や分散が異なってしまうことを経験する．このような場合に，平均値や分散のとり得る値やその存在範囲を確率分布に基づき算出する方法を**推定**（estimation）という．本節では，2.4節で述べた確率分布を用いた具体的な推定の手法について述べる．

2.5.1 推定の分類

 平均 $\bar{x}$ や分散 V の値を定義式に基づいて算出する場合，それぞれ1つの値として求められる．これを**点推定**（point estimation）と呼ぶ．しかし，このように算出した平均や分散は，母集団の真の平均（母平均）μ や真の分散（母分散）σ^2 とは必ずしも一致せず，母平均や母分散の値を中心としてその周辺にばらつく．そのため，医学や工学の分野では点推定だけでなく，誤差を考慮した**区間推定**（interval estimation）を行うことが多い．

 たとえば，母平均を区間推定する場合，通常，母平均が95%の確率で入り得る範囲を推定し，$\bar{x}-a < \mu < \bar{x}+a$ という形で示す．ここで，$\bar{x} \pm a$ を μ の**信頼限界**といい，この信頼限界に挟まれる区間を**信頼区間**（confidence interval）という．また，この95%という値を $1-\alpha$ と表した場合，α を**有意水準**（significance level),$1-\alpha$を**信頼係数**(confidence coefficient) と呼ぶ.

2.5.2 平均値の推定
母集団のσ^2が既知の場合:

σ^2が既知の場合は正規分布表を用いて推定を行うことができる.母平均がμ,母分散がσ^2の母集団から抽出した大きさnのサンプルにおけるデータの平均$\bar{x}$の分布は正規分布$N(\mu, \sigma^2/n)$にしたがう.そのため,正規分布表から

$$-1.96 < \frac{\bar{x}-\mu}{\frac{\sigma}{\sqrt{n}}} < 1.96 \tag{2-28}$$

を求めることができる.ここで,母平均μが不明であるから,μに関する次式に書き直すことで母平均を区間推定(95%信頼区間)することができる.

$$\bar{x} - 1.96\frac{\sigma}{\sqrt{n}} < \mu < \bar{x} + 1.96\frac{\sigma}{\sqrt{n}} \tag{2-29}$$

母集団のσ^2が未知の場合:

σ^2が未知の場合はデータからVを計算してσ^2の代用値とする.この場合,正規分布とは異なる分布を利用することになるが,推定の考え方は同じである.2.4.5項で述べたように,$\bar{x}$からその母平均μを引いた後に,$\bar{x}$の標準偏差の推定値$\sqrt{V/n}$で除したものは,自由度$f=n-1$のt分布にしたがう.そのため,式(2-29)を変形することで,次式のように母平均μを区間推定(95%信頼区間)することができる.

$$\bar{x} - t(n-1,\ 0.05)\sqrt{\frac{V}{n}} < \mu < \bar{x} + t(n-1,\ 0.05)\sqrt{\frac{V}{n}} \tag{2-30}$$

付録の付表5に示すt分布表から自由度$f=n-1$の値を行方向で探索し,$P=0.05$の列にある値を求めればよい.たとえば$n=10$の場合,$t(n-1, 0.05)=2.262$となる.

2.5.3 分散の推定
分布のばらつき度合いを表すSやVの値は,同一母集団から繰返しサンプリングを行い算出すると,一定値とはならずにばらつく.このばらつきに対して

も，前項で述べた考え方を用いて推定ができる．

平方和 S を母分散 σ^2 で除した χ^2 は次式のように表される．

$$\chi^2 = \frac{S}{\sigma^2} = \frac{(n-1)V}{\sigma^2} \tag{2-31}$$

これは，自由度 $f=n-1$ の χ^2 分布にしたがう．そのため，データから計算した平方和を σ^2 で除した値は，95％の確率で次式にしたがう．

$$\chi^2(n-1,\ 0.975) < \frac{S}{\sigma^2} < \chi^2(n-1,\ 0.025) \tag{2-32}$$

ただし，データから S や V の値を算出した時点では母分散の値がわからないので，式(2-32)を σ^2 に関してまとめた次式，

$$\frac{S}{\chi^2(n-1,\ 0.025)} < \sigma^2 < \frac{S}{\chi^2(n-1,\ 0.975)} \tag{2-33}$$

を用いて未知の値 σ^2 に対する区間推定を行う．

n 個のデータから平方和 S あるいは分散 V を計算して，χ^2 分布表に示された値を用いれば，母分散の信頼区間が得られる．たとえば，n が 20 の場合には，自由度 $f=19$ であり，$\chi^2(19, 0.025) = 32.85$，$\chi^2(19, 0.975) = 8.91$ と求められる．

2.6　検定

特性値が正規分布にしたがうと考えられる場合，ある母集団から得られたサンプルのデータを用いて基準値との相違を求めることや，2 つの母集団における母平均や母分散の相違を判断することができる．これらを統計理論に基づいて求める方法を**検定**（test）という．本節では，2.4 節で述べた確率分布を用いた具体的な検定の手法について述べる．

2.6.1　検定の手順

検定は図 2-11 の手順にしたがい進める．ただし，検定を行う対象（基準値との差，2 つの集団における分散の差，2 つの集団における平均の差）により求める統計量は異なる．表 2-3 に，検定の分類とそれに用いる統計量の一覧をまとめる．

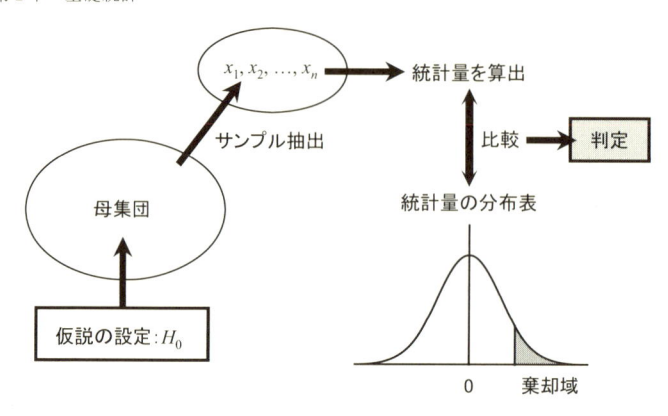

図 2-11 検定の手順

表 2-3 検定の分類

検定の目的		帰無仮説	条件	利用する確率分布	求める統計量
基準値との比較	平均値の比較	$\mu = \mu_0$	σ^2 既知	正規分布	$\bar{x}$
			σ^2 未知	t 分布	$\bar{x}, V$
	分散の比較	$\sigma^2 = \sigma_0^2$		χ^2 分布	S
2つの母集団の比較	平均値の比較	$\mu_A = \mu_B$	$\sigma_A^2 = \sigma_B^2$	t 分布	$\bar{x}_A, \bar{x}_B$
			$\sigma_A^2 \neq \sigma_B^2$		V_A, V_B
	分散の比較	$\sigma_A^2 = \sigma_B^2$		F 分布	V_A, V_B

(1) **仮説の設定**：母集団に関して仮説 H_0 を立てる．この仮説と反対の仮説 H_1 を**対立仮説**（alternative hypothesis）という．検定では，証明したい事柄と反対の事象を仮説 H_0 として取り上げて証明に用いることから，この仮説を特に**帰無仮説**（null hypothesis）ともいう．

(2) **統計量の算出**：母集団からサンプルを抽出し，サンプルのデータから仮説の検定に必要な統計量を求める．

(3) **判定**：算出した統計量を確率分布表と比較することにより，仮説が棄却できるかを判断する．

- 算出した統計量が確率分布表の範囲外：
    仮説は棄却される．すなわち証明できることになる．この場合，仮説が正しいにもかかわらず誤って仮説を棄却してしまう確率（有意水準α）は5%である．
- 算出した統計量が確率分布表の範囲内：
    仮説は棄却されない．すなわち証明できないことになる．この場合，仮説が正しい確率は 5%以上あるとはいえても，積極的に仮説が正しいとはいえない．

なお，仮説が棄却される範囲のことを**棄却域**（critical region）という．

2.6.2 基準値との比較

工程能力と図面規格値の関係のように，平均をある値に設定する必要性や分散を一定値以下に設定する必要性が生じることは多い．以下では，平均や分散が基準値と異なるかどうかを定量的に示すための手法を示す．

(1) 平均の比較

母集団のσ^2が既知の場合：

考え方：

　σ^2 が既知の場合は正規分布表を用いて母平均と基準値との差の有意性を検定する．

手順：

(a) 仮説の設定 $H_0:\mu=\mu_0$：最初に母平均がμ_0であると仮定する．
(b) 統計量$\bar{x}$，u_0の算出：u_0は式(2-25)のμをμ_0に置き換え，次式のようにu_0についてまとめ，算出する．

$$u_0 = \frac{\bar{x} - \mu_0}{\sqrt{\dfrac{\sigma^2}{n}}} \tag{2-34}$$

(c) 判定：仮説が正しければ，u_0は±1.96の範囲内に入るはずである．
- u_0が±1.96に入らない（$|u_0| \geq 1.96$）場合：
    母平均が仮定どおりμ_0であれば，仮説が正しい（$\mu=\mu_0$）にもかかわらず，誤って仮説を棄却してしまう確率は5%以下であり，$\mu \neq \mu_0$と判定する．

- u_0 が ±1.96 に入る($|u_0|$<1.96)場合：
  この場合は仮説のとおりである確率が 5%より大きいことを示せるにすぎず，仮説が正しいという積極的な結論を下すことはできない．

母集団のσ^2が未知の場合：

考え方：

母集団のσ^2が未知の場合の推定と同様に，データからVを計算してσ^2の代用値とする．t分布を利用するが，検定の考え方は母集団のσ^2が既知の場合と同様であり，母平均と基準値との差の有意性を検定する．

手順：

(a) 仮説の設定 $H_0: \mu = \mu_0$：最初に母平均がμ_0であると仮定する．

(b) 統計量$\bar{x}$，V，t_0の算出：t_0は式(2-26)のμをμ_0に置き換えたものである．

$$t_0 = \frac{\bar{x} - \mu_0}{\sqrt{\dfrac{V}{n}}} \tag{2-35}$$

(c) 判定：仮説が正しければ，t_0は $-t(n-1,\ 0.05) < t_0 < t(n-1,\ 0.05)$ の範囲内に入るはずである．$|t_0| \geq t(n-1,\ 0.05)$ となった場合には，$\mu \neq \mu_0$と判定される．さらに，$-t(n-1,\ 0.05) < t_0 < t(n-1,\ 0.05)$ を満たすμの値だけが棄却されないので，母平均μの信頼区間は式(2-30)で与えられる．

(2) 母分散の比較

考え方：

母分散がσ^2であることを検定する場合は，平方和Sを母分散σ^2で除したものが自由度$n-1$のχ^2分布にしたがうこと，およびその存在範囲が95%の確率で式(2-33)により与えられることを利用する．なお，この検定のことをχ^2 **検定**（chi-square test）という．

手順：

(a) 仮説の設定 $H_0: \sigma^2 = \sigma_0^2$：最初に母分散が$\sigma_0^2$であると仮定する．

(b) 統計量S，χ_0^2の算出：χ_0^2は式(2-31)のとおり．

(c) 判定：仮説が正しければ，$\chi^2(n-1,\ 0.975) < \chi_0^2 < \chi^2(n-1,\ 0.025)$ となるはずである．χ_0^2がこの範囲外となった場合には，$\sigma^2 \neq \sigma_0^2$と判定される．さらに，$\chi^2(n-1,\ 0.975) < \chi_0^2 < \chi^2(n-1,\ 0.025)$ を満たすσ^2の値だけが棄却さ

れないので，母分散σ^2の信頼区間は式(2-33)で与えられる．

2.6.3　2つの母集団の比較

本項では，2つの母集団における平均や分散が異なるかどうかを定量的に示すための手法を示す．なお，分散が等しいと考えてよい場合と，分散が異なる場合とでは，平均の比較方法が異なるので，2つの母集団の平均の差を調べることが目的となる場合でも，まず分散の比較から行う．

例として，平均と分散の異なる集団の比較を図2-12に示す．樹脂部品の塗装を行う機械の性能を比較した．機械Aが現行品，機械Bが導入検討機である．図2-12より，機械Bは機械Aに比べて塗料使用量の平均値が6g少なく，塗料使用量のばらつきも少ないことがわかる．そのため，機械Aから機械Bに変更することで，塗料使用量の損失を低減できるといえる．このような2つの集団の比較検討を以下に示す検定により定量的に行うことができる．

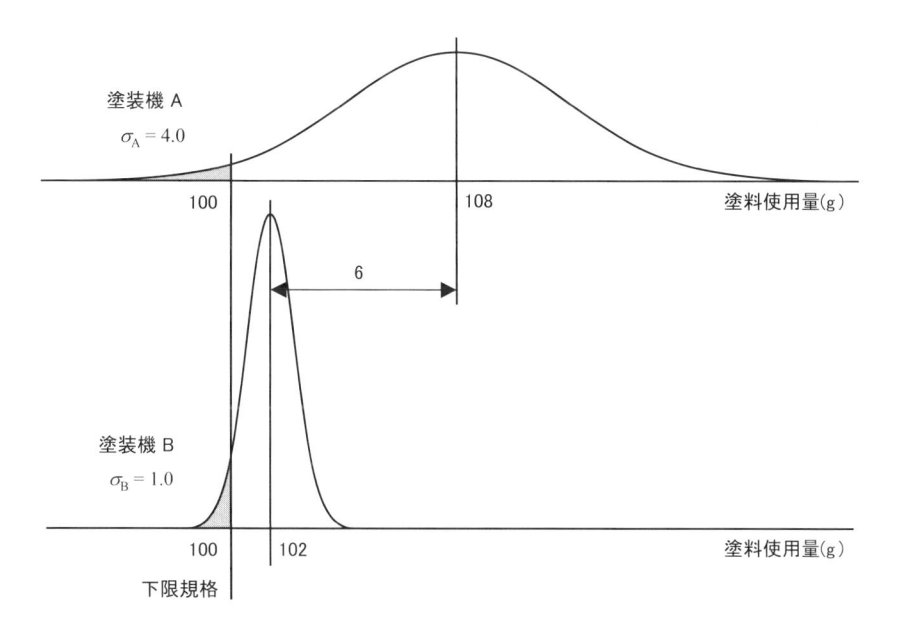

図2-12　平均と分散の異なる集団の比較

(1) 2つの分散の比較

分散の比較の具体例：
- 2つの加工方法における品質特性のばらつきの差
- 新規に購入する機械の精度と所有している機械の精度の相違
- 2つの測定方法における測定誤差の差
- 治具を用いる場合と用いない場合における出来上り精度の差

なお，2つの母集団の分散の差を統計的に示すことを F 検定（F test）という．

考え方：

2つの母集団 A と B の分散に関して，

$$F = \frac{V_A/\sigma_A^2}{V_B/\sigma_B^2} \tag{2-36}$$

が F 分布にしたがうことを利用する．具体的には，この分布は分子における分散の自由度 $f_A = n_A - 1$ と，分母における分散の自由度 $f_B = n_B - 1$ により形状が決まるので，その存在範囲が95%の確率で次式により与えられることを利用して検定を行う．

$$F_{f_B}^{f_A}(0.975) < \frac{V_A/\sigma_A^2}{V_B/\sigma_B^2} < F_{f_B}^{f_A}(0.025) \tag{2-37}$$

F 分布表の見方：

分散比 F_0 の分子における分散の自由度 $f_1 = n_A - 1$ と，分母における分散の自由度 $f_2 = n_B - 1$ をもとに，F 分布表（中段2.5%）から F 値を求める．例：$n_A = 9$, $n_B = 10 \rightarrow f_1 = n_A - 1 = 8$, $f_2 = n_B - 1 = 9 \rightarrow F_9^8(0.025) = 4.10$

手順：

(a) 仮説の設定 H_0: $\sigma_A^2 = \sigma_B^2$

(b) 統計量 V_A, V_B の算出

(c) 分散比 F_0 の算出（値の大きいほうを分子にする）

$V_A \geq V_B$ ならば $F_0 = V_A/V_B$ （$f_1 = n_A - 1$, $f_2 = n_B - 1$）

$V_A < V_B$ ならば $F_0 = V_B/V_A$ （$f_1 = n_B - 1$, $f_2 = n_A - 1$）

(d) 判定：$F_0 \geq F_{f_2}^{f_1}(0.025)$ ならば H_0 を棄却する（有意水準5%で2つの分散の大きさは異なるといえる）．

また，式(2-37)を σ_A^2/σ_B^2 に関する不等式に書き直すと，

$$\frac{1}{F_{f_B}^{f_A}(0.025)}\frac{V_A}{V_B} < \frac{\sigma_A^2}{\sigma_B^2} < \frac{1}{F_{f_B}^{f_A}(0.975)}\frac{V_A}{V_B} \tag{2-38}$$

となり，分散比の推定ができる．ここで，$F_{f_B}^{f_A}(0.975)$ という値は，F 分布表には示されていないが，

$$F_{f_2}^{f_1}(0.975) = \frac{1}{F_{f_1}^{f_2}(1-0.975)} = \frac{1}{F_{f_1}^{f_2}(0.025)} \tag{2-39}$$

という関係が成り立つので，式(2-38)を

$$\frac{1}{F_{f_B}^{f_A}(0.025)}\frac{V_A}{V_B} < \frac{\sigma_A^2}{\sigma_B^2} < F_{f_A}^{f_B}(0.025)\frac{V_A}{V_B} \tag{2-40}$$

とすることで分散比の信頼区間が得られる．

(2) 2つの平均の比較

平均の比較の具体例：
- 2台の機械で加工された同一部品の寸法差
- 2つの触媒における化学物質の収率の差
- 2人の作業者の作業時間の差
- 作業方法の変更前と変更後での作業時間の差

2つの母集団の平均値の差を統計的に示すことを t 検定（t test）という．ただし，前述のとおり，分散が等しいと考えてよい場合と，分散が異なる場合とでは，平均の比較方法が異なる．

母分散が等しい場合：

等分散性の検定を行った結果，分散が等しいという仮説（$H_0: \sigma_A^2 = \sigma_B^2$）が棄却されなかった場合，母分散が等しいと仮定し，以下に述べる手法で母平均の比較を行う（ただし，この場合も棄却するだけの根拠がデータから得られなかっただけであり，積極的に分散が等しいということはできない）．

考え方：

母平均に差があるかどうかを調べるには，比較したい2つの母集団からサンプルを抽出してそれぞれの平均値 $\bar{x}_A, \bar{x}_B$ を計算し，データのばらつきも考慮したうえで，両者の差の絶対値 $|\bar{x}_A - \bar{x}_B|$ が0に近いかどうかで判断を下せばよい．なお，$|\bar{x}_A - \bar{x}_B|$ の有意性を直接判定できる分布表は存在しないので，t_0 を算出して t 分布表との比較を行う．

手順：

(a) 仮説の設定 $H_0: \mu_A = \mu_B$

(b) 統計量 $\overline{x}_A$, $\overline{x}_B$, S_A, S_B の算出

(c) 次式により共通の標準偏差 s を算出

$$s = \sqrt{\frac{S_A + S_B}{n_A + n_B - 2}} = \sqrt{\frac{(n_A - 1)V_A + (n_B - 1)V_B}{n_A + n_B - 2}} \tag{2-41}$$

(d) 次式により t_0 を算出

$$t_0 = \frac{\overline{x}_A - \overline{x}_B}{s\sqrt{\dfrac{1}{n_A} + \dfrac{1}{n_B}}} \tag{2-42}$$

(e) 判定：$t_0 \geq t(n_A + n_B - 2, 0.05)$ または $t_0 \leq -t(n_A + n_B - 2, 0.05)$ ならば H_0 を棄却する（有意水準5％で2つの母平均に差があるといえる）．

また，2つの母平均に差がある場合は，次式により95％信頼区間での区間推定ができる．

$$\begin{aligned}
&(\overline{x}_A - \overline{x}_B) - t(f, 0.05) \cdot s\sqrt{\frac{1}{n_A} + \frac{1}{n_B}} \\
&< \mu_A - \mu_B < \\
&(\overline{x}_A - \overline{x}_B) + t(f, 0.05) \cdot s\sqrt{\frac{1}{n_A} + \frac{1}{n_B}}
\end{aligned} \tag{2-43}$$

ここで，

$$f = n_A + n_B - 2, \quad s = \sqrt{\frac{S_A + S_B}{n_A + n_B - 2}} \tag{2-44}$$

である．

母分散が異なる場合：

等分散性の検定を行った結果，分散が等しいという仮説（$H_0: \sigma_A^2 = \sigma_B^2$）が棄却された場合や，技術的な観点から母分散の異なることが明らかな場合は，以下に述べる手法で母平均の比較を行う．

考え方：

2つの母分散が異なる場合には $\sigma_A^2 \neq \sigma_B^2$ なので，共通の σ^2 を推定することはできない．そのため，V_A から σ_A^2 を，V_B から σ_B^2 を推定し，次式

$$t = \frac{(\overline{x}_A - \overline{x}_B) - (\mu_A - \mu_B)}{\sqrt{\dfrac{V_A}{n_A} + \dfrac{V_B}{n_B}}} \quad (2\text{-}45)$$

が近似的に t 分布にしたがうことを利用して検定を行う．ただし，分散の異なる 2 つの母集団を同一にしているので自由度が多少変化し，後述する式(2-47)による $t(f, 0.05)$ の値を用いる．

手順：

(a) 仮説の設定 $H_0: \mu_A = \mu_B$

(b) 統計量 $\overline{x}_A, \overline{x}_B, V_A, V_B$ の算出

(c) 次式により t_0 を算出

$$t_0 = \frac{\overline{x}_A - \overline{x}_B}{\sqrt{\dfrac{V_A}{n_A} + \dfrac{V_B}{n_B}}} \quad (2\text{-}46)$$

(d) 判定：$t_0 \geq t(f, 0.05)$ または $t_0 \leq -t(f, 0.05)$ ならば H_0 を棄却する（有意水準5%で2つの母平均に差があるといえる）．ここで，f は次式により算出する．

$$f = \frac{(n_A - 1)(n_B - 1)}{c^2(n_B - 1) + (1 - c)^2(n_A - 1)} \quad (2\text{-}47)$$

ただし，

$$c = \frac{V_A}{n_A} \Big/ \left(\frac{V_A}{n_A} + \frac{V_B}{n_B} \right) \quad (2\text{-}48)$$

である．

また，2 つの母平均に差がある場合は，次式により 95%信頼区間での区間推定ができる．

$$\begin{gathered}(\overline{x}_A - \overline{x}_B) - t(f, 0.05) \cdot \sqrt{\frac{V_A}{n_A} + \frac{V_B}{n_B}} \\ < \mu_A - \mu_B < \\ (\overline{x}_A - \overline{x}_B) + t(f, 0.05) \cdot \sqrt{\frac{V_A}{n_A} + \frac{V_B}{n_B}}\end{gathered} \quad (2\text{-}49)$$

ここで，f は式(2-47)より算出する．

留意点：

(a) 多群（3群以上）の平均値を比較する場合

　　たとえば，A，B，C の 3 群について，全ての組合せで有意水準 5%の t 検定を行う場合を考える．この場合，各組合せで有意差の出ない確率が $(1-0.05)$ であるため，全ての組合せで有意差の出る確率は $1-(1-0.05)^3 = 0.142$ となり，全体としては有意水準 14%で検定を行うことになってしまう．したがって，多群の比較を行う場合は t 検定を用いることができない．このような多群の平均値を比較する場合には，一般に分散分析が用いられる．

(b) 整数でない自由度における t 分布表の用い方

　　母分散が異なる場合の母平均の差の検定や推定では，整数でない自由度における t 分布表の値が必要となる．この場合，求めたい自由度よりも小さな自由度を用いればよく，このようにすることで真の値よりも多少広めの区間における検定や推定を行うことができる．

2.6.4　両側検定と片側検定

前項までに述べた検定は，対立仮説 H_1 が帰無仮説 H_0 の両側にある場合を対象としてきた．たとえば，$H_0: \mu = \mu_0$ に対して $H_1: \mu \neq \mu_0$，すなわち $\mu > \mu_0$ か $\mu < \mu_0$ のいずれかであることが明確になれば両者の差は有意と判断した．

一方，$\mu > \mu_0$ が技術的観点から起こりえない場合や，両者の差が有意でも $\mu > \mu_0$ という結論が無意味な場合では，母平均が基準値 μ_0 よりも小さい（$\mu < \mu_0$）ことが明らかな場合にのみ有意性の判定がなされる．このように，対立仮説 H_1 が帰無仮説 H_0 の片側にある場合の検定を**片側検定**（one-side test）といい，前項までに述べた，対立仮説 H_1 が帰無仮説 H_0 の両側にある場合の検定を**両側検定**（two-side test）という．以下に，片側検定が用いられる場合の例を示す．

作業時間の短縮が期待される新しい作業法 A が提案され，従来の作業法 B における作業時間の平均値と比較して，A の作業時間の平均値が短縮されるかどうかを検定したいとする．この例では，$\mu_A < \mu_B$ かどうかが重要であり，$\mu_A \neq \mu_B$ を示すだけでは不十分である．なぜなら，$\mu_A \neq \mu_B$ には $\mu_A > \mu_B$ も含まれるからである．片側検定は，このように，

(1) $\mu_A = \mu_B$ と $\mu_A > \mu_B$ とが同じ意味を持ち，$\mu_A < \mu_B$ と $\mu_A = \mu_B$，$\mu_A > \mu_B$ とが異なる意味

を持つ場合

(2) 技術的観点から$\mu_A>\mu_B$が想定されない場合

に行われる．片側検定において，仮説は $H_0:\mu_A=\mu_B$ ($\mu_A>\mu_B$ や$\mu_A<\mu_B$ のもとでは棄却域が設定できない)であり，対立仮説は $H_1:\mu_A<\mu_B$ となる．なお，両側検定を行うか片側検定を行うかは検定に先立ち決めるべきである．はっきりとした技術的根拠がない場合には両側検定を行うのが原則である．

なお，片側検定においては棄却域が片側にしかないので有意性の判定値を変える必要がある．両側検定では棄却域を両側に 2.5%ずつ，合計 5%となるよう設定するが，片側検定では棄却域を片側のみに設定し，5%となる値を各分布表から選んでくる

参考文献

(1) 大村平：『統計解析の話』，日科技連出版社，1980．
(2) 一石賢：『道具としての統計解析』，日本実業出版社，2004．
(3) 鉄健司：『品質管理のための統計的方法入門 新版』，日科技連出版社，2000．
(4) 鈴木義一郎：『現代統計学小辞典』，講談社，1998．
(5) 郡山彬，和泉澤正隆：『確率統計のしくみ』，日本実業出版社，1997．
(6) 青木繁伸：『統計学自習ノート』，群馬大学 WEB，
 http://aoki2.si.gunma-u.ac.jp/lecture/lecind.html，1996．

第2章 演習問題

問題1

締結ボルト用鋼材の製造時における熱処理条件と得られた材料特性との関係を計測した結果，下記のデータが得られた．

熱処理条件と材料特性

サンプル	焼戻し温度 (℃)	焼戻し硬さ (HRC)	引張強度 (MPa)	伸び (%)
No.1	610	43.1	1366	13.5
No.2	635	43.6	1367	14.4
No.3	600	46.2	1483	12.9
No.4	600	46.0	1481	13.4
No.5	625	43.1	1343	13.9
No.6	650	41.2	1269	14.3
No.7	600	44.4	1401	14.0
No.8	650	41.4	1291	13.5
No.9	635	43.6	1381	14.1
No.10	640	42.3	1320	13.7
平均	624.50	43.49	1370.20	13.77

(1) 各特性の偏差平方和を求めよ．
(2) 各特性間の偏差積和を求めよ．
(3) 各特性間の相関係数表を作成せよ．

問題2

ブレーキの摩擦材を設計している．配合材料の違いにより設計案は2つあり，各設計案に対して試作品を10個作成した．磨耗試験機でそれぞれの磨耗量を計測した結果，下記のデータが得られた(単位：μm)．

```
摩擦材A   8  12  11  11  10  11   9   9  12   7
摩擦材B  12  12  12  12  14  11  10  12  12  13
```

(1) 摩擦材Aのデータに対して，平均，中央値，最頻値，分散，標準偏差，範囲を求めよ．
(2) 摩擦材Aの平均磨耗量に対して，信頼率95%で区間推定せよ．
(3) 各摩擦材の平均磨耗量に差があるか信頼率95%で検定を行い，差がある場合は，その差がどの程度かを同様に信頼率95%で推定せよ．

第2章 演習問題 解答

問題1

(1) 各特性の偏差平方和：

偏差平方和：S_{xx}, S_{yy}

	焼戻し温度	焼戻し硬さ	引張強度	伸び
S_{xx}, S_{yy}	3772.5	25.829	45867.6	1.901

(2) 各特性間の偏差積和：

偏差積和：S_{xy}

	焼戻し温度	焼戻し硬さ	引張強度	伸び
焼戻し温度	3772.5	−272.55	−11484	44.35
焼戻し硬さ	−272.55	25.829	1081.92	−3.483
引張強度	−11484	1081.92	45867.6	−161.64
伸び	44.35	−3.483	−161.64	1.901

(3) 各特性間の相関係数表：

相関係数：r

	焼戻し温度	焼戻し硬さ	引張強度	伸び
焼戻し温度	1.000	−0.873	−0.873	0.524
焼戻し硬さ	−0.873	1.000	0.994	−0.497
引張強度	−0.873	0.994	1.000	−0.547
伸び	0.524	−0.497	−0.547	1.000

問題2

(1) 平均：10，中央値：10.5，最頻値：11，分散：2.889，標準偏差：1.700，範囲：5
(2) 8.784＜平均磨耗量＜11.22
(3) 以下のようにして2つの母平均の差を検定する．
   (a) 等分散性の検定
     ① 仮説の設定　　$H_0: \sigma_A^2 = \sigma_B^2$
     ② 分散　　V_A=2.889，V_B=1.111
     ③ $V_A > V_B$ なので，V_A を分子にして，$F_0 = V_A/V_B = 2.600$
       よって，$F_0 < F_9^9(0.025) = 4.03$ であるから分散の差は有意でない．
   (b) 母平均の差の検定
     等分散性の検定結果より，等分散と仮定して母平均の差を検定する（両側検定）．
     ① 仮説の設定　　$H_0: \mu_A = \mu_B$

② $\bar{x}_A = 10.00$, $\bar{x}_B = 12.00$

③ $s = \sqrt{\dfrac{26.00 + 10.00}{18}} = 1.414$

④ $t_0 = \dfrac{12.00 - 10.00}{1.414 \times \sqrt{\dfrac{1}{10} + \dfrac{1}{10}}} = 3.162$

⑤ $t_0 > t(18, 0.05) = 2.101$ であるから，危険率 5% で平均に有意差があり，摩擦材 A のほうが磨耗量は少ないといえる．

(c) 母平均の差の推定

どの程度磨耗量が減少したかは母平均の差の区間推定を行えばよい．

$$(\bar{x}_A - \bar{x}_B) \pm t(18, 0.05) \times s \times \sqrt{\dfrac{1}{10} + \dfrac{1}{10}}$$
$$= -2.00 \pm 2.101 \times 1.414 \times \sqrt{\dfrac{2}{10}}$$
$$= -2.00 \pm 1.33 \quad (\mu\mathrm{m})$$

第3章

多変量解析

　多変量解析とは，複数の特性や要因間の関係を統計的に解析し，有益な情報を得るための手法である．本章では，多変量解析手法のなかから，市場分析や製品開発の現場で用いられる頻度の高い4つの手法（重回帰分析，判別分析，主成分分析，因子分析）を紹介する．

記号表

$[a_1, ..., a_p]$	:	主成分分析における固有ベクトル
D	:	ユークリッドの距離
D_0	:	マハラノビスの汎距離
e	:	残差
$[e_1, ..., e_p]$	:	因子分析における固有ベクトル
e_α	:	説明変数 x_α での残差
f_1	:	分子の自由度
f_2	:	分母の自由度
F_0	:	分散比
h_j^2	:	共通性
r_{jk}	:	相関係数
$\boldsymbol{R}$	:	相関係数行列
R	:	重相関係数
R^2	:	寄与率，決定係数
R'^2	:	自由度調整済み寄与率
R''^2	:	2重自由度調整済み寄与率
S_B	:	群間平方和
S_e	:	残差平方和
S_R	:	回帰平方和
S_T	:	全平方和
S_{xx}, S_{ji}	:	偏差平方和
S_{xy}, S_{ij}, S_{iy}	:	偏差積和
V_{ii}	:	分散
V_{ij}	:	共分散
$\boldsymbol{V}$	:	分散・共分散行列
$\boldsymbol{V}^{-1}$	:	分散・共分散行列の逆行列
$x_1, ..., x_p$	:	説明変数
y	:	目的変数
y_α	:	説明変数 x_α での目的変数の実測値
y'_α	:	説明変数 x_α での目的変数の推定値
z	:	判別関数
z_i	:	判別得点
Z	:	主成分
Z_i	:	主成分得点
α	:	危険率
$\alpha_1, ..., \alpha_p$	:	判別係数
β_0	:	切片（定数項）
$\beta_1, ..., \beta_p$	:	偏回帰係数
$\beta'_1, \beta'_2, ..., \beta'_p$	:	標準偏回帰係数
η	:	相関比
λ	:	固有値
$\lambda_1, \lambda_2, ..., \lambda_\pi$	:	因子の固有値
ρ_j	:	寄与率

3. 多変量解析

3.1 多変量解析の種類

市場分析や製品開発の現場では，図 3-1 に例示するようにさまざまな影響要因が複雑に絡み合っており，単独の要因で説明可能な現象はほとんど無いといえる．**多変量解析**（multivariate analysis）とは，このような場合に，複数の特性や要因の関係を統計的に解析し，有益な情報を得るための手法である．

多変量解析は，分析の目的や扱うデータの種類によりさまざまな手法に分類される．代表的なものを表 3-1 に示す．本章では，これら多変量解析手法のなかから，製品開発の現場で用いられる頻度の高い 4 つの手法を紹介する．具体的には重回帰分析，判別分析，主成分分析，因子分析であり，解析手法の目的，結果の見方などを述べる．これらの 4 手法は，質的変量を扱う数量化手法とも基本的な考え方は共通である．

なお，これらの手法を用いるうえでは以下に留意する必要がある．

(1) 多変量解析において平均値を使用すると，データが圧縮され情報量が減るので，極力その使用は控える．

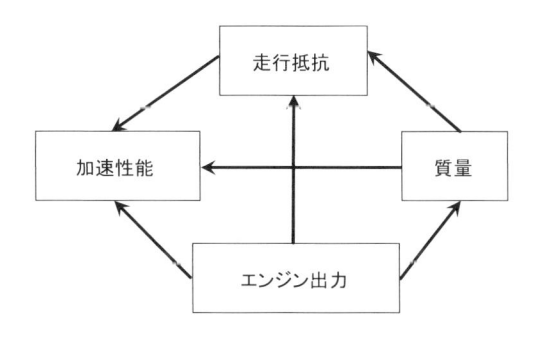

図 3-1 自動車の加速性能の要因関係

表 3-1　多変量解析の分類

目的変数の有無	データ形態		解析手法
	目的変数	説明変数	
有り	量的データ	量的データ	**重回帰分析**
			正準相関分析
		質的データ	数量化Ⅰ類
	質的データ	量的データ	**判別分析**
		質的データ	数量化Ⅱ類
無し	/	量的データ	**主成分分析**
			因子分析
			数量化Ⅳ類
		質的データ	数量化Ⅲ類

(2) データ間での単位が異なるときや，データ間での分散が大きくなるときなどは，必要に応じてデータの基準化を行う．

(3) 1つの多変量解析手法には複数のデータ処理方法が存在するため，できるだけ多くの方法で試み，その結果を比較する．

なお，以下に述べる多変量解析についてより詳しく知りたい場合は，参考文献[1]~[5]を参照されたい．

3.2　重回帰分析

重回帰分析（multiple regression analysis）とは，**多変量データ**（multivariable data）に基づき，**目的変数**（criterion variable）y（予測や管理の対象となる特性値）を，次式のような2つ以上の**説明変数**（explanatory variable）x_i（予測や管理の対象となる特性値）の1次式として表現し，目的変数の予測や各説明変数の目的変数に対する影響度分析を行う手法である．

$$y = \beta_0 + \beta_1 x_1 + \beta_2 x_2 + \cdots + \beta_p x_p \tag{3-1}$$

ここで，yは目的変数，$x_1,...,x_p$は説明変数，β_0は切片（定数項），$\beta_1,...,\beta_p$は偏回帰係数（3.2.2項(3)にて詳述）である．

式(3-1)は**重回帰式**（multiple regression equation）と呼ばれ，n 組のデータ $y_\alpha, x_{1\alpha}, \ldots, x_{p\alpha}$ より，未知数である $\beta_0, \beta_1, \ldots, \beta_p$ を統計的に算出し，上式を求める．なお，ここでの 1 次式とは，$\beta_0, \beta_1, \ldots, \beta_p$ に関する 1 次式であり，対数関数や指数関数などの複雑な関数であっても，変数変換を行うことで重回帰式を求めることができる．重回帰分析においては，目的変数，説明変数がともに量的変数となる．

3.2.1 重回帰分析の目的
重回帰分析は目的変数の予測を中心に多くの場面で活用ができる．それらは主に以下の3とおりの目的に大別できる．
(1) 要因分析
目的変数に対して定量的に影響のある要因を見つけ出し，以降の検討における判断材料とする．多くの説明変数のなかから少数の影響要因を特定することで，以降の検討対象となる変数を絞り込むことを目的とする．
(2) 特性値の推定
目的変数と説明変数の関係を実験式に表し，目的変数の予測を行う．目的変数が測定困難な場合に有用であり，たとえば，性能評価を行う際に，測定可能な代用特性を用いることで測定困難な指標の評価を行うことができる．
(3) 特性値の制御
目的変数と説明変数の関係を定量的に求め，説明変数の操作により目的変数を制御する．たとえば，フィードバック制御などでは各変数の調整代を明確にすることができる．

3.2.2 回帰式の算出法
回帰式の算出法は，説明変数の数によらず同一である．ここでは，理解を容易にするために，説明変数が 1 つ，目的変数が 1 つの場合，すなわち**単回帰分析**（simple regression analysis）の場合における回帰式の算出法を述べる．
(1) 回帰分析
複数の説明変数を扱う重回帰分析に対して，扱う説明変数が 1 つの場合の回帰分析を単回帰分析と呼び，次式のような 1 次式で表される．

$$y = \beta_0 + \beta_1 x \tag{3-2}$$

ここで，ある x_α に対して回帰式から求めた推定値（計算上の値）y'_α は，

$$y'_\alpha = \beta_0 + \beta_1 x_\alpha \tag{3-3}$$

となり，式(3-3)で与えられる推定値 y'_α と実測値 y_α とは一致しない．両者の差を**残差**（residual）e_α と呼び，この残差に対して下記4項目が成り立つように回帰式を導出する．

(a) 不偏性　　：期待値が 0 である．
(b) 等分散性　：分散が一定である．
(c) 無相関性　：残差 e が互いに無相関である．
(d) 正規性　　：残差 e が正規分布にしたがう．

(2) 最小自乗法

n 組のデータから単回帰式を導出する際，未知の定数 β_0，β_1 の推定値を求めるために以下の**最小自乗法**（least squares method）を用いる．残差 e は，実測値と推定値の差から求められ，実測値を y_α，推定値を y'_α とすると，$e_\alpha = y_\alpha - y'_\alpha$ と表せる．全データの残差に対して平方和を求めた**残差平方和**（residual sum of squares）S_e は，次式のとおりである．

$$S_e = \sum_{\alpha=1}^{n} e_\alpha^2 = \sum_{\alpha=1}^{n} (y_\alpha - y'_\alpha)^2 = \sum_{\alpha=1}^{n} (y_\alpha - \beta_0 - \beta_1 x_\alpha)^2 \tag{3-4}$$

単回帰式の導出においては，図 3-2 に示すように残差平方和 S_e が最小値をとる際の β_0，β_1 を求めたいので，式(3-4)を β_0，β_1 でそれぞれ偏微分し，両式を 0 とおいた連立方程式の解を算出することとなる．

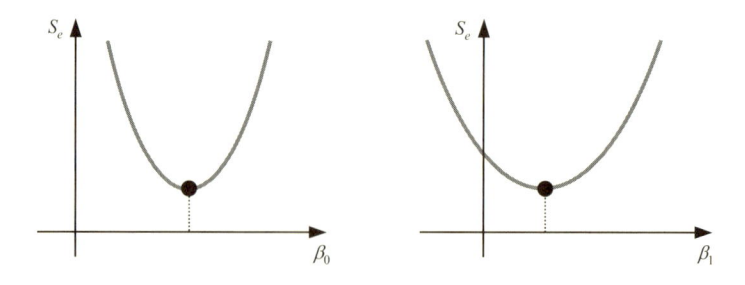

図 3-2　残差平方和 S_e の偏微分値が 0 となる点

まず，β_0 で式(3-4)を偏微分する．

$$\frac{\partial S_e}{\partial \beta_0} = \sum_{\alpha=1}^{n}(2\beta_0 - 2y_\alpha + 2\beta_1 x_\alpha)$$

$$= -2\sum_{\alpha=1}^{n}(y_\alpha - \beta_0 - \beta_1 x_\alpha) = -2(\sum_{\alpha=1}^{n}y_\alpha - n\beta_0 - \beta_1\sum_{\alpha=1}^{n}x_\alpha) = 0 \quad (3\text{-}5)$$

上式を β_0 についてまとめると，

$$\beta_0 = \frac{\sum_{\alpha=1}^{n}y_\alpha}{n} - \beta_1\frac{\sum_{\alpha=1}^{n}x_\alpha}{n} \quad (3\text{-}6)$$

ここで，

$$\frac{\sum_{\alpha=1}^{n}y_\alpha}{n} = \overline{y}, \quad \frac{\sum_{\alpha=1}^{n}x_\alpha}{n} = \overline{x} \qquad \overline{y} = \beta_0 + \beta_1\overline{x} \quad (3\text{-}7)$$

である．この式(3-7)から，図 3-3 に示すように，導出する回帰直線は x, y のおのおのの平均値を通ることがわかる．

次に，β_1 で式(3-4)を偏微分すると，

$$\frac{\partial S_e}{\partial \beta_1} = \sum_{\alpha=1}^{n}(2\beta_1 x_\alpha^2 + 2\beta_0 x_\alpha - 2y_\alpha x_\alpha)$$

$$= -2\sum_{\alpha=1}^{n}(y_\alpha x_\alpha - \beta_0 x_\alpha - \beta_1 x_\alpha^2) = 0 \quad (3\text{-}8)$$

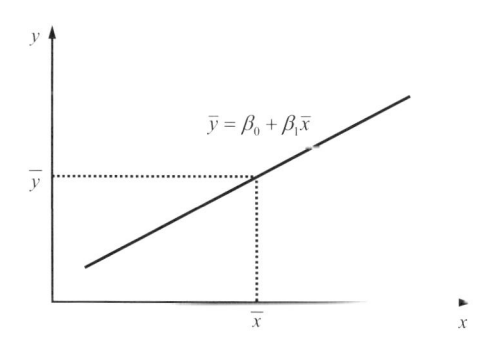

図 3-3　x と y の平均値を通る回帰式

となり，式(3-6)を式(3-8)に代入すると，

$$\sum_{\alpha=1}^{n} y_\alpha x_\alpha - \left(\frac{\sum_{\alpha=1}^{n} y_\alpha}{n} - \beta_1 \frac{\sum_{\alpha=1}^{n} x_\alpha}{n} \right) \sum_{\alpha=1}^{n} x_\alpha - \beta_1 \sum_{\alpha=1}^{n} x_\alpha^2 = 0 \tag{3-9}$$

$$\sum_{\alpha=1}^{n} y_\alpha x_\alpha - \frac{\sum_{\alpha=1}^{n} y_\alpha \sum_{\alpha=1}^{n} x_\alpha}{n} = \beta_1 \left[\sum_{\alpha=1}^{n} x_\alpha^2 - \frac{\left(\sum_{\alpha=1}^{n} x_\alpha \right)^2}{n} \right] \tag{3-10}$$

$$\sum_{\alpha=1}^{n} y_\alpha x_\alpha - n\bar{x} \cdot \bar{y} = \beta_1 \left(\sum_{\alpha=1}^{n} x_\alpha^2 - n\bar{x}^2 \right) \tag{3-11}$$

となる．上式の左辺は偏差積和 S_{xy} に等しく，右辺の括弧内は偏差平方和 S_{xx} に等しいことから，

$$\beta_1 = \frac{S_{xy}}{S_{xx}} \tag{3-12}$$

$$\beta_0 = \bar{y} - \beta_1 \bar{x} = \bar{y} - \frac{S_{xy}}{S_{xx}} \bar{x} \tag{3-13}$$

このようにして，残差平方和 S_e が最小となる回帰直線を求める．

(3) 重回帰分析での回帰式導出

S_e が最小となる切片 β_0，および**偏回帰係数**（partial regression coefficient）β_i は，単回帰式の導出と同様に最小自乗法により求められる．β_i について解くと，次式のようになる．

$$S_e = \sum_{\alpha=1}^{n} (y_\alpha - y'_\alpha)^2 = \sum_{\alpha=1}^{n} (y_\alpha - \beta_0 - \beta_1 x_{\alpha 1} - \cdots - \beta_p x_{\alpha p})^2 \tag{3-14}$$

ここで，β_0 および β_i は，式(3-14)をおのおので偏微分して 0 とおいた連立方程式の解である．

$$\frac{\partial S_e}{\partial \beta_0} = -2\sum_{\alpha=1}^{n}(y_\alpha - \beta_0 - \beta_1 x_{\alpha 1} - \cdots - \beta_p x_{\alpha p})$$

$$\frac{\partial S_e}{\partial \beta_1} = -2\sum_{\alpha=1}^{n}(y_\alpha - \beta_0 - \beta_1 x_{\alpha 1} - \cdots - \beta_p x_{\alpha p})x_{\alpha 1}$$
$$\vdots \qquad \vdots$$
$$\frac{\partial S_e}{\partial \beta_p} = -2\sum_{\alpha=1}^{n}(y_\alpha - \beta_0 - \beta_1 x_{\alpha 1} - \cdots - \beta_p x_{\alpha p})x_{\alpha p}$$
(3-15)

式(3-15)を整理すると,

$$\sum_{\alpha=1}^{n} y_\alpha = n\beta_0 + \beta_1 \sum_{\alpha=1}^{n} x_{\alpha 1} + \cdots + \beta_p \sum_{\alpha=1}^{n} x_{\alpha p}$$

$$\sum_{\alpha=1}^{n} x_{\alpha 1} y_\alpha = \beta_0 \sum_{\alpha=1}^{n} x_{\alpha 1} + \beta_1 \sum_{\alpha=1}^{n} x_{\alpha 1}^2 + \cdots + \beta_p \sum_{\alpha=1}^{n} x_{\alpha 1} x_{\alpha p}$$
$$\vdots \qquad \vdots$$
$$\sum_{\alpha=1}^{n} x_{\alpha p} y_\alpha = \beta_0 \sum_{\alpha=1}^{n} x_{\alpha p} + \beta_1 \sum_{\alpha=1}^{n} x_{\alpha 1} x_{\alpha p} + \cdots + \beta_p \sum_{\alpha=1}^{n} x_{\alpha p}^2$$
(3-16)

となり,式(3-16)の第1式の両辺を n で除すと

$$\overline{y} = \beta_0 + \beta_1 \overline{x}_1 + \beta_2 \overline{x}_2 + \cdots + \beta_p \overline{x}_p \tag{3-17}$$

が得られ,求める回帰直線は目的変数および各説明変数の平均値を通る直線となる.

式(3-17)を β_0 について解き,式(3-16)の第2式以降に代入して整理したものを偏差積和 S_{ij}, S_{iy},偏差平方和 S_{ii} により表すと,次式のようになる.

$$\beta_1 S_{11} + \beta_2 S_{12} + \cdots + \beta_p S_{1p} = S_{1y}$$
$$\beta_1 S_{21} + \beta_2 S_{22} + \cdots + \beta_p S_{2p} = S_{2y}$$
$$\vdots \qquad \vdots$$
$$\beta_1 S_{p1} + \beta_2 S_{p2} + \cdots + \beta_p S_{pp} = S_{py}$$
(3-18)

ただし,

$$S_{ij} = \sum_{\alpha=1}^{n}(x_{\alpha i} - \overline{x}_i)(x_{\alpha j} - \overline{x}_j) \quad S_{iy} = \sum_{\alpha=1}^{n}(x_{\alpha i} - \overline{x}_i)(y_\alpha - \overline{y}) \tag{3-19}$$

式(3-18)を**正規方程式**(normal equation)と呼ぶ.

偏差積和,偏差平方和からなる行列を S,その逆行列を S^{-1} とすると以下のように表される.

$$\boldsymbol{S} = \begin{bmatrix} S_{11} & S_{12} & \cdots & S_{1p} \\ S_{21} & S_{22} & \cdots & S_{2p} \\ \vdots & \vdots & \ddots & \vdots \\ S_{p1} & S_{p2} & \cdots & S_{pp} \end{bmatrix} \quad (3\text{-}20)$$

$$\boldsymbol{S}^{-1} = \begin{bmatrix} S^{11} & S^{12} & \cdots & S^{1p} \\ S^{21} & S^{22} & \cdots & S^{2p} \\ \vdots & \vdots & \ddots & \vdots \\ S^{p1} & S^{p2} & \cdots & S^{pp} \end{bmatrix} \quad (3\text{-}21)$$

式(3-18)の正規方程式は次式のような行列式に整理できる.

$$\begin{bmatrix} S_{11} & S_{12} & \cdots & S_{1p} \\ S_{21} & S_{22} & \cdots & S_{2p} \\ \vdots & \vdots & \ddots & \vdots \\ S_{p1} & S_{p2} & \cdots & S_{pp} \end{bmatrix} \begin{bmatrix} \beta_1 \\ \beta_2 \\ \vdots \\ \beta_p \end{bmatrix} = \begin{bmatrix} S_{1y} \\ S_{2y} \\ \vdots \\ S_{py} \end{bmatrix} \quad (3\text{-}22)$$

上式の両辺に行列 $\boldsymbol{S}^{-1}$ を乗ずることで,次式が求められる.

$$\begin{bmatrix} \beta_1 \\ \beta_2 \\ \vdots \\ \beta_p \end{bmatrix} = \begin{bmatrix} S^{11} & S^{12} & \cdots & S^{1p} \\ S^{21} & S^{22} & \cdots & S^{2p} \\ \vdots & \vdots & \ddots & \vdots \\ S^{p1} & S^{p2} & \cdots & S^{pp} \end{bmatrix} \begin{bmatrix} S_{1y} \\ S_{2y} \\ \vdots \\ S_{py} \end{bmatrix} \quad (3\text{-}23)$$

よって,求める偏回帰係数 β_i は次式のようになる.

$$\beta_i = S^{i1} S_{1y} + S^{i2} S_{2y} + \cdots + S^{ip} S_{py} \quad (3\text{-}24)$$

3.2.3 標準偏回帰係数

 偏回帰係数は,目的変数に対する説明変数の影響力と考えることもできるが,この係数には単位がある.したがって,その大きさは単位に左右されるので,偏回帰係数を単純に相互比較しても意味がない.

 各変数を平均が 0,分散が 1 になるように基準化したうえで導出した重回帰式を次式に示す.

$$y' = \beta_0' + \beta_1' x_1' + \beta_2' x_2' + \cdots + \beta_p' x_p' \quad (3\text{-}25)$$

ここで,β_i' は単位に無関係な回帰係数であり,これを**標準偏回帰係数**(standard partial regression coefficient)と呼ぶ.標準偏回帰係数の絶対値は目的変数に対

する説明変数の影響力の強弱を示す値と考えることができる．

3.2.4 分散分析

回帰式の統計的な検証方法として，**分散分析**（analysis of variance: ANOVA）および F 検定が挙げられる．これらを用いることで，説明変数 x が目的変数 y をどれだけ説明できているかを検討することができる．次式に示すように，y の平均まわりの変動を示す**全平方和**（total sum of squares）S_T を，p 個の説明変数による重回帰式で説明できる部分を示す**回帰平方和**（regression sum of squares）S_R と，それ以外の説明できない部分を示す残差平方和 S_e に分解する．これを分散分析といい，第2章で述べた分散比の検定（F 検定）を行うことで，回帰成分の有意性を確認する．

$$\begin{aligned}
\underline{\sum(y_\alpha - \overline{y})^2} &= \sum(\beta_0 + \beta_1 x_{\alpha 1} + \beta_2 x_{\alpha 2} + \cdots + \beta_p x_{\alpha p} - \overline{y} + e)^2 \\
&= \sum(\underline{y'_\alpha - \overline{y}} + e)^2 \\
S_T &= S_R + S_e
\end{aligned} \quad (3\text{-}26)$$

分散分析の結果は，表 3-2 に示す分散分析表にまとめられる．そして，回帰要因の分散 V_R と残差要因の分散 V_e の分散比に対して F 検定を行うことで，回帰式が統計的に有意であるかを判断できる．具体的には，回帰要因の分散 V_R では p 個の説明変数分の偏回帰係数を推定していることから自由度は p であり $f_1 = p$，残差要因の分散 V_e では全平方和の自由度 $n-1$ から回帰平方和の自由度 p を引いた残りとなり自由度は $n-p-1$ である．よって $f_2 = n-p-1$ となる．以上より，分散比 $F_0 > F(f_1 = p, f_2 = n-p-1, 危険率 \alpha)$ のとき，回帰平方和 S_R が残差平方

表 3-2 分散分析表

要因	S：変動	f：自由度	V：分散	F_0：分散比
回帰	$S_R = \sum_{i=1}^{p} \beta_i S_{iy}$	p	$V_R = S_R / p$	$F_0 = V_R / V_e$
残差	$S_e = S_T - S_R$	$n-p-1$	$V_e = S_e/(n-p-1)$	
全体	$S_T = S_{yy}$	$n-1$		

和 S_e に対して $100(1-\alpha)\%$ で有意という．ここで，$F(p, n-p-1, \alpha)$ は付録の付表4に示す F 分布表（片側）から求めた値である．

3.2.5 重回帰式の評価尺度

重回帰式は目的変数を的確に説明する回帰式を作成する手法である．その際には作成した回帰式の当てはまりの良さを評価する尺度が必要になる．以下では，代表的な重回帰式の評価尺度である寄与率，重相関係数，自由度調整済みの寄与率について紹介する．

(1) 寄与率

全平方和 S_T の内，導出した重回帰式による回帰平方和 S_R で説明できる割合を**寄与率**（contribution ratio）R^2 と呼び，次式により定義する．

$$R^2 = \frac{S_R}{S_T} = 1 - \frac{S_e}{S_T} \tag{3-27}$$

寄与率は，重回帰式の当てはまりの良さを評価する尺度として用いられる．0から1までの値をとり，寄与率が大きいほど式の当てはまりは良い．なお，寄与率を**決定係数**（coefficient of determination）と呼ぶこともある．

(2) 重相関係数

寄与率 R^2 の平方根 R を**重相関係数**（multiple correlation coefficient）と呼び，寄与率と同様に重回帰式の当てはまりの良さを評価する尺度として用いる．

$$R = \sqrt{R^2} = \sqrt{1 - \frac{S_e}{S_T}} \tag{3-28}$$

(3) 自由度調整済み寄与率

回帰式に取り込む変数の数が増加するほど前述した寄与率も増加していくため，寄与率や重相関係数の値が高い場合でも，意味のない説明変数が重回帰式に取り込まれている可能性がある．そのため，重回帰分析においては，回帰平方和と全平方和の比ではなく，おのおのを自由度で除した分散比による寄与率を用いることがある．これを**自由度調整済み寄与率**（contribution ratio adjusted for the degrees of freedom）R'^2 と呼び，次式により定義する．

$$R'^2 = 1 - \frac{S_e/(n-p-1)}{S_T/(n-1)} = 1 - \frac{V_e}{V_T} \tag{3-29}$$

ただし，R'^2 を用いた場合でも意味のない説明変数を取り込む場合があるため，その場合は，変数の選択をさらに厳しくした次式で定義される2重自由度調整済み寄与率 R''^2 が用いられることがある．

$$R''^2 = 1 - \frac{(n+p+1)}{(n+1)} \frac{S_e/(n-p-1)}{S_T/(n-1)} = 1 - \frac{V'_e}{V_T} \tag{3-30}$$

3.2.6 説明変数の選択

重回帰分析のような予測型の多変量解析においては，有益な情報を得るために説明変数の選択が重要となる．説明変数選択の基準を以下にまとめる．

(1) 相関係数を指標として，目的変数と相関の高い変数を説明変数にする．この段階ではやや多めに選出しておき，後で絞り込みを行う．

(2) 上記で選出した説明変数のうち，互いに相関が高いもの($r > 0.8$)がある場合は目的変数との相関が低い方を除く．これは，相関の高い説明変数を共に回帰式に取り込むと，回帰式上の偏回帰係数の符号が，目的変数との単相関で見た場合の符号と逆になる現象を回避するためである．このような現象を**多重共線性**（multicollinearity）という．

(3) 統計量による基準値を設け，それとの大小関係を比較して変数を選択する．これは**変数選択法**（variable selection method）と呼ばれ，次の3つの方法がある．

- **変数増加法**（forward selection method）
- **変数減少法**（backward elimination method）
- **変数増減法**（stepwise method）

現在では変数増減法が一般的に用いられる．統計量としては前述の2重自由度調整済み寄与率を最大化する方法や，各偏回帰係数の優位性を検定する際に用いる F 値を用いる方法がある．F 値を用いる方法では，一般的に2を基準値として用いる．2以上の大きな変数から式に取り入れ，2未満になったものは式から除外する．この基準で作成した回帰式は2重自由度調整済み寄与率を最大化した回帰式とほぼ一致する．

(4) 物理的，技術的な観点からの整合性や式の活用目的からも判断する．

3.2.7 事例と解析手順

車椅子利用者の行動範囲拡大を可能とするため，車椅子に着座したまま走行する福祉自動車が普及しつつある．しかし，この自動車の設計においては，車椅子利用者の乗り心地が悪いという問題がある．本事例においては，乗り心地の向上を目指し，乗り心地に大きく寄与する物理量の特定と，それらを用いた乗り心地に関する不快感評価モデルの作成を試みた．

不快感との関連性が指摘されている 2-6Hz の周波数帯域において，図 3-4 に示す，乗り心地に関する不快感評価実験を実施した．自動車のフロア振動を想定し，加振台上の振動計測点における入力加速度(m/s^2)および入力周波数(Hz)の設定を組み合わせ，おのおのの条件における不快感評価を測定し，表 3-3 に示すデータを得た．そして，一般的に刺激の大きさの対数と感覚の大きさが比例関係にあることを考慮し，不快感評価を目的変数，入力加速度の常用対数および入力周波数の常用対数を説明変数とした重回帰分析を行い，重回帰式による不快感評価モデルを作成した．

(1) データの確認

不快感評価，入力加速度の常用対数および入力周波数の常用対数のデータに外れ値のないことを確認した．また，入力加速度の常用対数および入力周波数の常用対数の相関係数が -0.19 であることから，多重共線性の可能性が低いことも確認した．

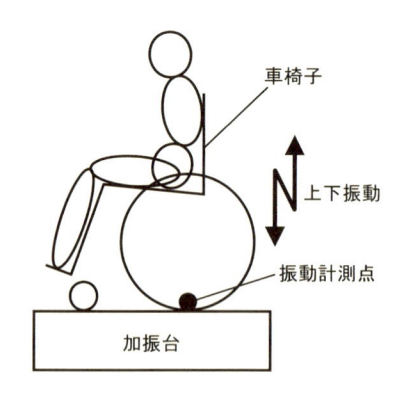

図 3-4 乗り心地に関する不快感評価実験

表 3-3 重回帰分析に用いたデータ

	乗り心地に関する不快感評価	入力加速度 (m/s²)	入力周波数 (Hz)
条件 1	2.800	0.490	2.000
条件 2	3.500	1.290	2.000
条件 3	4.330	1.750	2.000
条件 4	3.200	0.350	4.000
条件 5	3.750	1.040	4.000
条件 6	4.670	1.960	4.000
条件 7	3.600	0.350	6.000
条件 8	4.200	0.790	6.000
条件 9	4.670	1.590	6.000

(2) 重回帰分析の実施

多変量解析ソフトを用いて重回帰分析を行った結果，不快感評価を y，入力加速度を x_1，入力周波数を x_2 として，次式に示す重回帰式が得られた．

$$y = 2.95 + 1.95 \log x_1 + 1.80 \log x_2 \tag{3-31}$$

重回帰式の重相関係数は 0.95 であり，分散分析の結果は表 3-4 のとおりであった．付録の付表 4 の F 分布表（片側）における分子自由度 2，分母自由度 6 の欄には上側確率 1% に対する F 値が 10.92 とあり，分散分析により算出された分散比 (29.19) はこれよりも大であるため，危険率 1% の有意な不快感評価モデルを得ることができた．

式 (3-31) より，入力加速度および入力周波数ともに，これらが増大するほど不快感評価も増大する．また，標準偏回帰係数の絶対値は，入力加速度が 0.88，入力周波数が 0.57 であるため，入力加速度の影響が大であることがわかる．な

表 3-4 分散分析の結果

	変動	自由度	分散	分散比
回帰	3.099	2	1.549	29.189 **
残差	0.318	6	0.053	
全体	3.417	8		

※分散比横の ** は危険率1%で有意なことを示す

お，入力周波数による影響の要因としては，胃をはじめとした内臓の共振周波数がほぼ 4-6Hz に存在することが考えられる．

以上の解析結果から，乗り心地を考慮した設計を行ううえでは，特に，フロア振動における入力加速度の減少を目指す必要があるといえる．

※注：本事例は，参考文献[6]の内容を一部抜粋・変更のうえ使用．

3.3 判別分析

判別分析（discriminant analysis）とは，群（サンプルの集合）がいくつか存在している場合に，どの群に属するか不明なサンプルについて，そのサンプルが所属する群を多変量データに基づき予測する手法である．そのため判別分析では，目的変数が質的変数，説明変数が量的変数となる．

3.3.1 判別分析の目的と種類

判別分析の目的は，量的変数である説明変数の組合せに応じて，質的変数である目的変数を判別することである．具体的には車両の全高，質量，最低地上高などの量的な説明変数の組合せに応じて，質的な目的変数であるセダンやワゴンなどの車両形式を判別する例が挙げられる．判別分析には，**線形判別関数**（linear discriminant function）を用いる方法とマハラノビスの汎距離（3.3.3 項にて詳述）を用いる方法の 2 とおりが存在し，それぞれの長所と短所は以下のようにまとめられる．

・線形判別関数を用いる方法
　長所：分散比を用いて変数の有意性を比較することができるので，説明変数の有意性がわかりやすい．
　短所：変数変換で工夫できる部分もあるが，分析の基準は単純な 1 次式となる．
・マハラノビスの汎距離を用いる方法
　長所：特性間の相関関係が分析結果に考慮される．
　短所：計算が複雑になる（解析ソフトを活用すれば問題にならない）．

3.3.2 線形判別関数

以下の例を用いて線形判別関数による判別分析の方法を説明する．ある大学の入学試験では筆記試験と面接試験の2つを実施して，総合的に合格・不合格を決定している．合否の判断基準がわかれば，受験生は次年度の合格に向けて個人の実力に応じた学習を行うことができる．

そこで，ある高校では10人の受験生にヒアリングを行い，それぞれの試験の結果(得点)および合否判定の結果を入手し，表3-5に示すデータを作成した．このデータから合否の判断基準を求めたい．まず，筆記試験と面接試験の結果を軸として図3-5に示す散布図を作成する．図3-5において，合格，不合格の判別結果を最も的確に示す直線 $z = \alpha_0 + \alpha_1 x_1 + \alpha_2 x_2$ が線形判別関数となる．

各受験者の筆記試験と面接試験の結果を上式に代入することで，受験者ごとの z の値がそれぞれ求められる．この z の値を**判別得点**（discriminant score）と呼び，図3-5において判別関数を表す直線からの各プロットの距離を示す．この例では，直線の上側($z < 0$)ならば合格となり，直線の下側($z > 0$)ならば不合格となる．$z = 0$ の場合は，合格・不合格を判別できない境界となる．なお，判別関数を表す直線が右肩上がりか右肩下がりかで符号が逆転する．右肩上がりの場合，上側が $z > 0$，下側が $z < 0$ となる．

ここで，判別関数の係数 $\alpha_0, \alpha_1, \alpha_2$ をどのように求めるかが課題となる．以下に示すように，判別得点から求められた推定結果と実際の結果ができるだけ一

表 3-5　試験結果

受験者	得点 筆記 x_1	得点 面接 x_2	合否判定
1	50	90	合格
2	60	50	不合格
3	80	60	合格
4	100	60	合格
5	90	80	合格
6	30	70	不合格
7	70	60	不合格
8	50	80	合格
9	70	40	不合格
10	70	80	合格

62 第 3 章 多変量解析

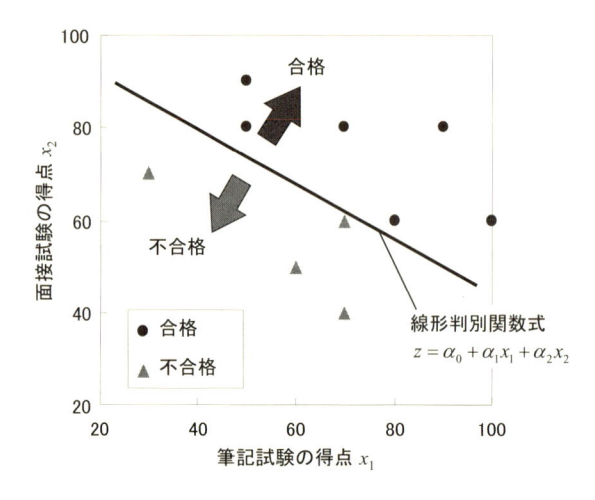

図 3-5 試験結果の散布図

致するように判別関数の係数，すなわち判別係数 $\alpha_0, \alpha_1, \alpha_2$ を決める．

(1) 群ごとにサンプル数，平均，分散，共分散を算出

合格群と不合格群とで，それぞれのサンプル数，平均，分散，および共分散を算出した結果を表 3-6 のように整理しておく．なお，**共分散**（covariance）とは，第 2 章で述べた偏差積和を自由度 $n-1$ で除したものである．

(2) プール後の分散・共分散を算出

群間でサンプル数に違いがある場合，下式で示す加重平均をとった分散，共分散を求める．これを**プール**（pool）後の分散，共分散と呼ぶ．

表 3-6 分析の準備

群	サンプル数	変数 x_1			変数 x_2		
		平均	分散	共分散	平均	分散	共分散
群 1	n_1	$x_{11(1)}$	$V_{11(1)}$	$V_{12(1)}$	$x_{22(1)}$	$V_{22(1)}$	$V_{21(1)}$
群 2	n_2	$x_{11(2)}$	$V_{11(2)}$	$V_{12(2)}$	$x_{22(2)}$	$V_{22(2)}$	$V_{21(2)}$

$$V_{11} = \{(n_1-1)\ V_{11(1)} + (n_2-1)\ V_{11(2)}\}/(n_1+n_2-2)$$
$$V_{22} = \{(n_1-1)\ V_{22(1)} + (n_2-1)\ V_{22(2)}\}/(n_1+n_2-2)$$
$$V_{12} = \{(n_1-1)\ V_{12(1)} + (n_2-1)\ V_{12(2)}\}/(n_1+n_2-2) \quad (3\text{-}32)$$
$$V_{22} = \{(n_1-1)\ V_{21(1)} + (n_2-1)\ V_{21(2)}\}/(n_1+n_2-2)$$

(3) $\alpha_0, \alpha_1, \alpha_2$ の算出

α_1, α_2 は以下の連立方程式を解くことで算出する．

$$\alpha_1 V_{11} + \alpha_2 V_{12} = \overline{x}_{1(1)} - \overline{x}_{1(2)}$$
$$\alpha_1 V_{21} + \alpha_2 V_{22} = \overline{x}_{2(1)} - \overline{x}_{2(2)} \quad (3\text{-}33)$$

定数項 α_0 は次式により算出する．

$$\alpha_0 = -\frac{\alpha_1 \sum x_1 + \alpha_2 \sum x_2}{2} \quad (3\text{-}34)$$

上記データから線形判別関数 z を求めた結果を以下に示す．

$$z = -0.205x_1 - 0.365x_2 + 37.129 \quad (3\text{-}35)$$

上式に各受験者の結果を代入してそれぞれの判別得点を算出した結果を表 3-7 にまとめる．全受験者の合格，不合格の結果に対して，判別得点の符号が完全に対応しており，高い説明力を持つ判別関数が導出されたことが確認できる．

次に，表 3-8 に示す一般の多変量データに対する線形判別関数の求め方を示す．線形判別関数 z は次式により定義される．

表 3-7 判別得点

受験者	得点		合否判定	判別得点 Z
	筆記 x_1	面接 x_2		
1	50	90	合格	-6.0
2	60	50	不合格	6.6
3	80	60	合格	-1.2
4	100	60	合格	-5.3
5	90	80	合格	-10.5
6	30	70	不合格	5.4
7	70	60	不合格	0.9
8	50	80	合格	-2.3
9	70	40	不合格	8.2
10	70	80	合格	-6.4

表 3-8　判別分析のデータ

変数 サンプル	x_1	x_2	$\cdots$	x_j	$\cdots$	x_p
1	$x_{11(1)}$	$x_{12(1)}$	$\cdots$	$x_{1j(1)}$	$\cdots$	$x_{1p(1)}$
2	$x_{21(1)}$	$x_{22(1)}$	$\cdots$	$x_{2j(1)}$	$\cdots$	$x_{2p(1)}$
$\vdots$	$\vdots$	$\vdots$		$\vdots$		$\vdots$
i	$x_{i1(1)}$	$x_{i2(1)}$	$\cdots$	$x_{ij(1)}$	$\cdots$	$x_{ip(1)}$
$\vdots$	$\vdots$	$\vdots$		$\vdots$		$\vdots$
m	$x_{m1(1)}$	$x_{m2(1)}$	$\cdots$	$x_{mj(1)}$	$\cdots$	$x_{mp(1)}$
1	$x_{11(2)}$	$x_{12(2)}$	$\cdots$	$x_{1j(2)}$	$\cdots$	$x_{1p(2)}$
2	$x_{21(2)}$	$x_{22(2)}$	$\cdots$	$x_{2j(2)}$	$\cdots$	$x_{2p(2)}$
$\vdots$	$\vdots$	$\vdots$		$\vdots$		$\vdots$
i	$x_{i1(2)}$	$x_{i2(2)}$	$\cdots$	$x_{ij(2)}$	$\cdots$	$x_{ip(2)}$
$\vdots$	$\vdots$	$\vdots$		$\vdots$		$\vdots$
n	$x_{n1(2)}$	$x_{n2(2)}$	$\cdots$	$x_{nj(2)}$	$\cdots$	$x_{np(2)}$

$$z = \alpha_0 + \alpha_1 x_1 + \alpha_2 x_2 + \cdots + \alpha_p x_p \tag{3-36}$$

ここで，第1群における i 番目のサンプルの判別得点を $\hat{z}_{i(1)}$，第2群における i 番目のサンプルの判別得点を $\hat{z}_{i(2)}$ とおくと，各判別得点は次式により定義される．

$$\begin{aligned} \hat{z}_{i(1)} &= \alpha_0 + \alpha_1 x_{1(1)} + \alpha_2 x_{2(1)} + \cdots + \alpha_i x_{i(1)} + \cdots + \alpha_p x_{p(1)} \\ \hat{z}_{i(2)} &= \alpha_0 + \alpha_1 x_{1(2)} + \alpha_2 x_{2(2)} + \cdots + \alpha_i x_{i(2)} + \cdots + \alpha_p x_{p(2)} \end{aligned} \tag{3-37}$$

それぞれの群および全体の判別得点の平均を求めると，それぞれ次式のように定義される．

$$\bar{z}_1 = \frac{\sum_{i=1}^{m} \hat{z}_{i(1)}}{m}, \quad \bar{z}_2 = \frac{\sum_{i=1}^{n} \hat{z}_{i(2)}}{n}, \quad \bar{z} = \frac{\sum_{i=1}^{m} \hat{z}_{i(1)} + \sum_{i=1}^{n} \hat{z}_{i(2)}}{m+n} \tag{3-38}$$

このとき，判別得点の全平方和 S_T は次式で表される．

$$S_T = \sum_{i=1}^{m} (\hat{z}_{i(1)} - \bar{z})^2 + \sum_{i=1}^{n} (\hat{z}_{i(2)} - \bar{z})^2 \tag{3-39}$$

それぞれの群の平均 $\bar{z}_1$ と $\bar{z}_2$ が，全体平均 $\bar{z}$ に対してどの程度ばらついているかを示す**群間平方和**（sum of squares between groups）S_B は次式で表される．

$$S_B = \sum_{i=1}^{m}(\overline{z}_1 - \overline{z})^2 + \sum_{i=1}^{n}(\overline{z}_2 - \overline{z})^2 \tag{3-40}$$

ここで，群間平方和と全平方和の比をとり，**相関比**（correlation ratio）η の 2 乗を次式により定義する．

$$\eta^2 = \frac{S_B}{S_T} = \frac{\sum_{i=1}^{m}(\overline{z}_1 - \overline{z})^2 + \sum_{i=1}^{n}(\overline{z}_2 - \overline{z})^2}{\sum_{i=1}^{m}(\hat{z}_{i(1)} - \overline{z})^2 + \sum_{i=1}^{n}(\hat{z}_{i(2)} - \overline{z})^2} \tag{3-41}$$

式(3-41)において，相関比 η の 2 乗を最大にする $\alpha_0, \alpha_1, ..., \alpha_p$ を求めることが，線形判別関数を用いた判別分析の目的である．相関比 η の 2 乗を最大にする判別係数 $\alpha_0, \alpha_1, ..., \alpha_p$ は，η^2 を $\alpha_0, \alpha_1, ..., \alpha_p$ で偏微分して 0 とおいて求めた以下の連立方程式を解くことで導出できる．

$$\begin{aligned} V_{11}\alpha_1 + V_{12}\alpha_2 + \cdots + V_{1p}\alpha_p &= \overline{x}_{1(1)} - \overline{x}_{1(2)} \\ V_{21}\alpha_1 + V_{22}\alpha_2 + \cdots + V_{2p}\alpha_p &= \overline{x}_{2(1)} - \overline{x}_{2(2)} \\ &\vdots \\ V_{p1}\alpha_1 + V_{p2}\alpha_2 + \cdots + V_{pp}\alpha_p &= \overline{x}_{p(1)} - \overline{x}_{p(2)} \end{aligned} \tag{3-42}$$

ただし，

$$\alpha_0 = -\frac{\alpha_1(\overline{x}_{1(1)} + \overline{x}_{1(2)}) + \alpha_2(\overline{x}_{2(1)} + \overline{x}_{2(2)}) + \cdots + \alpha_j(\overline{x}_{j(1)} + \overline{x}_{j(2)}) + \cdots + \alpha_p(\overline{x}_{p(1)} + \overline{x}_{p(2)})}{2}$$
$$\tag{3-43}$$

ここで，$\overline{x}_{1(1)}, \overline{x}_{2(1)}, ..., \overline{x}_{j(1)}, ..., \overline{x}_{p(1)}$ は各変数の1群の平均，$\overline{x}_{1(2)}, \overline{x}_{2(2)}, ..., \overline{x}_{j(2)}, ..., \overline{x}_{p(2)}$ は各変数の 2 群の平均，$V_{11}, V_{12}, ..., V_{pp}$ はプール後の分散，共分散である．

(4) 説明変数の選択

判別関数に取り入れる変数は，重回帰分析と同様に以下の点を考慮して選択する必要がある．

(1) 説明力の高い変数を分散比（F 値）で選択する．
(2) 多重共線性の発生を回避するため，相関係数が 0.8 以上の説明変数が含まれている場合は，どちらか 1 つの変数に絞り込んで解析を進める．

3.3.3 マハラノビスの汎距離

マハラノビスの汎距離による判別分析を説明するにあたり，まず，マハラノビスの汎距離について説明する．

一般に2点間の距離として用いられているのは**ユークリッド距離**（Euclidean distance）と呼ばれるものである．n次元空間における各点の座標値をそれぞれ$A(x_{a1}, x_{a2},...,x_{an})$，$B(x_{b1}, x_{b2},...,x_{bn})$とした場合，2点間の距離$D$は次式で示される．

$$D = \sqrt{(x_{a1} - x_{b1})^2 + (x_{a2} - x_{b2})^2 + \cdots + (x_{an} - x_{bn})^2} \tag{3-44}$$

しかし，ユークリッド距離では第2章で述べた母集団の確率分布による影響が考慮されない．図3-6に示す2つの母集団AとBではそれぞれ分散が異なり，$\sigma_A^2 > \sigma_B^2$である．ここで，新たなサンプルxを取得し，そのデータが母集団AとBのどちらに属するかを判断したい．図3-6に示すとおり，平均値からの距離に注目するとxは母集団Bに属すると考えられる．しかし，両母集団の分布も考慮するとxは母集団Aに属すると考えられる．このような確率分布を考慮した判別を行う場合には，双方の分布に対して第2章で述べた基準化を行い，基準化した値を用いて距離を比較する．このように，基準化した値から求められる距離D_0を**マハラノビスの汎距離**（Mahalanobis' generalized distance）という．

1変数の場合のマハラノビスの汎距離D_0の2乗は次式で定義される．

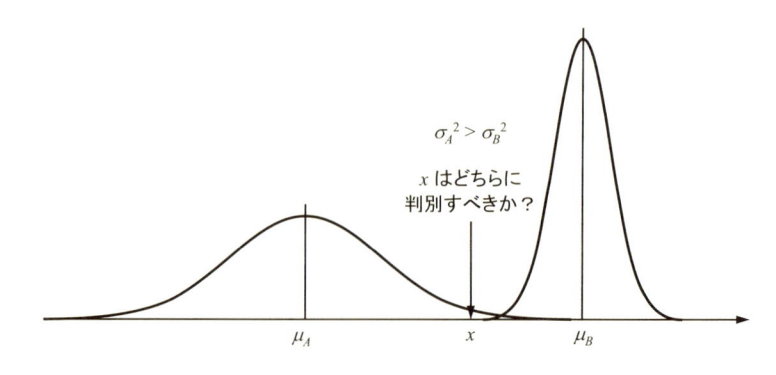

図3-6 データ群の分布による判別への影響

$$D_0^2 = \left(\frac{x-\bar{x}}{\sigma}\right)^2 = (x-\bar{x})(\sigma^2)^{-1}(x-\bar{x}) \tag{3-45}$$

2変数の場合のマハラノビスの汎距離 D_0 の2乗は，分散共分散行列を

$$V = \begin{bmatrix} V_{11} & V_{12} \\ V_{21} & V_{22} \end{bmatrix} \tag{3-46}$$

その逆行列を

$$V^{-1} = \begin{bmatrix} V^{11} & V^{12} \\ V^{21} & V^{22} \end{bmatrix} \tag{3-47}$$

として，次式で定義される．

$$D_0^2 = \begin{bmatrix} x_1 - \bar{x}, x_2 - \bar{x} \end{bmatrix} \begin{bmatrix} V^{11} & V^{12} \\ V^{21} & V^{22} \end{bmatrix} \begin{bmatrix} x_1 - \bar{x} \\ x_2 - \bar{x} \end{bmatrix} \tag{3-48}$$

同様に，変数が p 個の場合のマハラノビスの汎距離 D_0 の2乗は次式で定義される．

$$D_0^2 = \begin{bmatrix} x_1 - \bar{x}, x_2 - \bar{x}, \cdots, x_p - \bar{x} \end{bmatrix} \begin{bmatrix} V^{11} & V^{12} & \cdots & V^{1p} \\ V^{21} & V^{22} & \cdots & V^{2p} \\ \vdots & \vdots & \ddots & \vdots \\ V^{p1} & V^{p2} & \cdots & V^{pp} \end{bmatrix} \begin{bmatrix} x_1 - \bar{x} \\ x_2 - \bar{x} \\ \vdots \\ x_p - \bar{x} \end{bmatrix} \tag{3-49}$$

ここで，**分散共分散行列**（variance-covariance matrix）とは，分散と共分散を行列形式で配置したものであり，対角成分が分散，それ以外が共分散となる．

マハラノビスの汎距離 D_0 の2乗による判別は以下のように行う．2つの母集団 A と B がある場合，集団ごとに分散共分散行列 V，およびその逆行列 V^{-1} を求めることで，式(3-49)よりマハラノビスの汎距離の2乗が求められる．そのうえで，全サンプルに対して母集団 A と B それぞれに対するマハラノビスの汎距離の2乗 D_A^2 と D_B^2 を求める．そして，D_A^2 と D_B^2 の比較から次のように判別を行う．

$D_A^2 < D_B^2$　　母集団 A に属する
$D_A^2 > D_B^2$　　母集団 B に属する
$D_A^2 = D_B^2$　　母集団 A と B の境界上であり判別できない

ここで，母集団 A を合格，母集団 B を不合格として，前述した入学試験のデータをもとにマハラノビスの汎距離による判別結果を表 3-9 に示す．受験者 1

表 3-9 マハラノビスの汎距離による判別結果

受験者	得点 筆記 x_1	得点 面接 x_2	合否判定	D_A^2	D_B^2
1	50	90	合格	0.98	8.99
2	60	50	不合格	7.85	0.14
3	80	60	合格	1.27	3.44
4	100	60	合格	1.11	9.90
5	90	80	合格	1.56	17.82
6	30	70	不合格	7.03	1.41
7	70	60	不合格	2.20	1.48
8	50	80	合格	0.96	4.20
9	70	40	不合格	10.75	0.97
10	70	80	合格	0.12	9.31

に対しては $D_A^2 = 0.98$, $D_B^2 = 8.99$ であり, $D_A^2 < D_B^2$ となる. よって, 受験者 1 は合格と判定される. 全てのサンプルに対しても同様に比較すると, マハラノビスの汎距離の大小関係が合否結果と対応しており, うまく判別できていることがわかる.

3.3.4 判定評価の方法

各サンプルがどの集団に属するかを推定した結果と実際の結果との対応関係から判別分析の結果の精度を検討することができる. ここでは, 以下の3指標を紹介する.

(1) 判別的中率

判別的中率は正答率とも呼ばれ, 正答サンプル数を全サンプル数で除し, 100を乗ずることで算出する. 得られた判別的中率の評価は各事例により異なるが, 一般的に判別的中率が90%より大きければ非常に良いと判断する.

(2) 相関比

相関比 η の2乗は, 前述のとおり式(3-41)で定義される. この指標は, 重回帰分析の寄与率に相当するので, 結果の評価も寄与率に準じて考えることができる.

3.3.5 事例と解析手順

従来,天然皮革の代替材料として人工皮革が数多く使用されているが,一般に,人工皮革は天然皮革と比較して触った際の風合いに差があると指摘されている.本事例においては,人工皮革を開発するうえでの風合い操作に有用な物理量に関する知見を得るため,風合いに大きく寄与する物理量の特定と,それらを用いた天然皮革と人工皮革の判別モデルの作成を試みた.

複数の天然皮革と人工皮革をサンプルとして,風合い評価に大きく寄与するといわれる熱吸収速度($cal/sec\cdot cm^2$)および摩擦係数を計測し,表 3-10 に示すデータを得た.なお,本事例における熱吸収速度とは,図 3-7 に示すような,ヒトが指で皮革表面を触った直後の約 0.3 秒後に現れる熱吸収速度のピーク値をとったものである.そして,天然皮革と人工皮革のグループを目的変数,熱吸収速度および摩擦係数を説明変数とした判別分析を行い,線形判別関数式による天然皮革と人工皮革の判別モデルを作成した.

(1) データの確認

表 3-10 のデータに外れ値のないことを確認した.また,熱吸収速度と摩擦係数の相関係数が 0.21 であることから,多重共線性の可能性が低いことも確認した.

表 3-10 判別分析に用いたデータ

	グループ	熱吸収速度 ($cal/sec\cdot cm^2$)	摩擦係数
皮革 1	天然	0.102	0.649
皮革 2	人工	0.090	0.553
皮革 3	人工	0.081	0.577
皮革 4	天然	0.111	0.769
皮革 5	人工	0.058	0.529
皮革 6	天然	0.087	0.986
皮革 7	人工	0.084	0.721
皮革 8	人工	0.081	0.529
皮革 9	天然	0.059	0.769
皮革 10	人工	0.053	0.481
皮革 11	人工	0.034	0.721

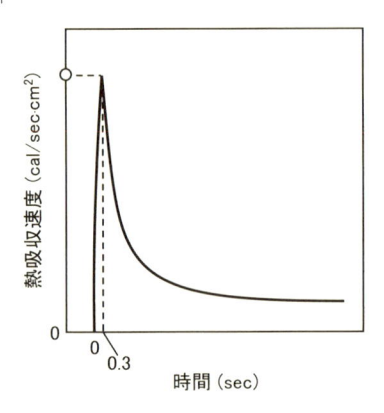

図 3-7　接触後の熱吸収速度変化

(2) 判別分析の実施

多変量解析ソフトを用いて判別分析を行った結果，熱吸収速度を x_1，摩擦係数を x_2 として，次式に示す線形判別関数式が得られた．

$$z = -28.13x_1 - 8.13x_2 + 7.53 \tag{3-50}$$

熱吸収速度および摩擦係数を軸としたサンプルの分布，および線形判別関数式を図 3-8 に示す．

式(3-50)および図 3-8 より，熱吸収速度および摩擦係数ともに，これらが増加するほど天然皮革らしい風合いを有する傾向が確認できる．また，標準判別係数の絶対値は，熱吸収速度が 0.60，摩擦係数が 0.92 であるため，判別における摩擦係数の影響は熱吸収速度の影響の約 1.5 倍であるといえる．

なお，式(3-50)においては，天然皮革に近い特性を有する皮革 7 を除き，$z < 0$ の場合に天然皮革のグループに判別され，$z > 0$ の場合に人工皮革に判別される．11 個のサンプル中 10 個の判別が的中するので，線形判別関数式の正答率は 91％である．

以上の解析結果から，熱吸収速度および摩擦係数を指標とした，風合い操作の可能性を示すことができた．本知見を活用することで，天然皮革の風合いを有する人工皮革開発や，天然皮革とは全く異なる新しい風合いを有する人工皮革開発の実現が考えられる．

線形判別関数式 $z = -28.13x_1 - 8.13x_2 + 7.53$

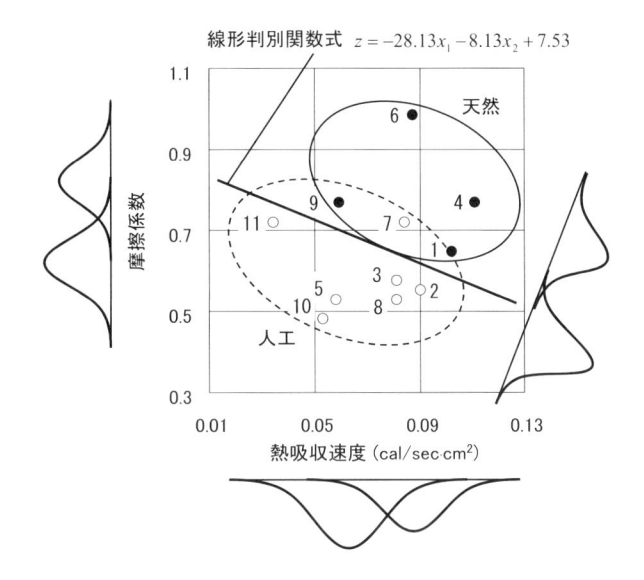

図 3-8 サンプルの分布および線形判別関数式

※注：本事例は，参考文献[7]の内容を一部抜粋・変更のうえ使用．

3.4 主成分分析

主成分分析（principal component analysis）とは，多変量データのなかから，相互に相関が強い特性の合成変量を**主成分**（principal component）として抽出し，主成分と個々の特性との関係を調べることで特性の分類を行う手法である．

前述の重回帰分析や判別分析においては目的変数が存在し，説明変数と目的変数との関係が数式により記述される．しかし，市場調査などを行う際には，原因と結果の関係が不明確で，目的変数を決められない場合もある．そのような場合に，特性間の関係を分析することで相互関係を整理することができれば，現象や課題を理解するうえでの有益な情報が得られる．

3.4.1 主成分分析の目的

主成分分析は，複数の特性値が持つ情報をより少ない数の主成分へと集約す

る手法である．たとえば，重回帰分析を行う際に，取り上げる説明変数の絞込みの手法として用いられることがある．また，主成分軸上にサンプルを配置して，その位置づけの理解を容易にする目的でも用いられる．

3.4.2 主成分の考え方

図3-9を用いて主成分の概念を示す．A方向から見た場合，煙突は3本全てを見ることができる．一方，B方向から見た場合，煙突は手前の1本しか見ることができない．このように，対象をどの方向から見るかによって，正しい情報（煙突は3本あること）の得やすさは変化する．これは，データを見る場合も同様であり，データをどの方向からとらえるのかが重要な問題となる．そして，データの把握を容易にする方向が，主成分の方向（主成分軸の方向）に相当する．

表3-11には，高校生10名の身長と体重のデータが示されている．一方，身長と体重の関係を散布図に示したものが図3-10であり，データをとらえるうえでの適切な方向，すなわち主成分軸の方向から見ることで，身長と体重との相互の関係を適切に表現することができる．

主成分を表す直線は次式のように定義され，以下の手順に従い導出される．ここで，主成分Zは，図3-10に示すように回帰直線と同様に特性間の関係を示す散布図の重心を通る．

$$Z = a_1 x_1 + a_2 x_2 \tag{3-51}$$

主成分Zに各サンプルから垂線をおろす．主成分Zと垂線との交点が主成分上

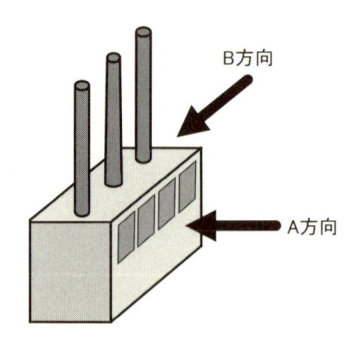

図3-9 方向による見え方の違い

表 3-11 身長と体重の関係

	身長: x_1	体重: x_2
1	163	61
2	165	60
3	168	68
4	176	64
5	172	62
6	174	68
7	171	73
8	177	77
9	182	78
10	179	72
合計	1727	683

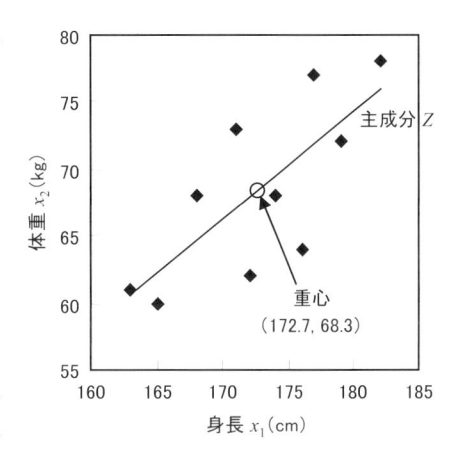

図 3-10 身長と体重の散布図

での各サンプルの見え方であり，見通しを良くすること，すなわち各交点の分散が最大となるように係数 a_1, a_2 を算出する．

ここで，主成分分析の考え方と回帰分析の考え方の違いを図 3-11 に示す．両者の相違点は 2 つある．1 つは，座標軸の違いであり，主成分分析では座標軸が共に説明変数であるが，回帰分析では横軸が説明変数であり，縦軸は目的変

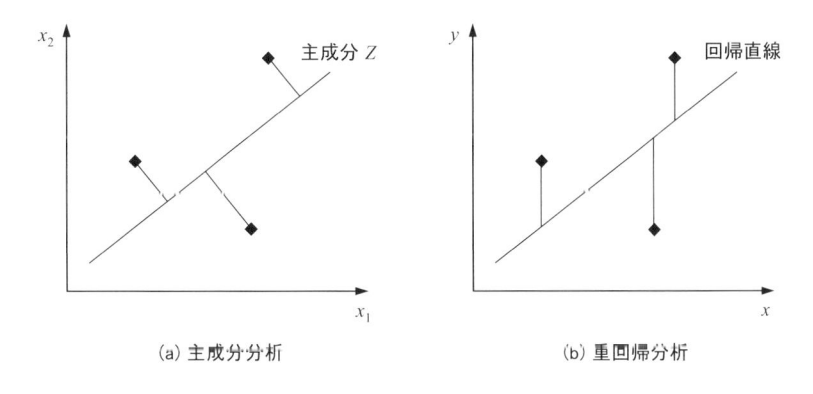

(a) 主成分分析　　(b) 重回帰分析

図 3-11 主成分分析と回帰分析の相違

数である．もう1つは，残差を求めるか否かの違いであり，主成分分析では求めたい主成分に対して垂線を下ろしているが，回帰分析では縦軸にそって直線を下ろしている．

3.4.3 主成分得点

主成分得点（principal score）とは，前述した各交点と重心の間の距離として定義される．主成分は変数の数に応じて複数求まるので，主成分得点はそれぞれの主成分に対して求められる．主成分ごとに個々のサンプルに対して主成分得点が求められることから，主成分を座標軸とした主成分得点の散布図を作成することで，個々のサンプルが散布図上でどのように布置されるかを把握することができ，主成分で構成された空間上でのサンプル間の距離を直感的に理解することができる．

3.4.4 固有値と固有ベクトル

サンプルごとに算出された主成分得点の分散を**固有値**λ（eigenvalue）と呼び，固有値が大きい主成分ほどその主成分の説明力が大きいことを意味する．また，式(3-51)における係数 a_1, a_2 を成分とするベクトルを**固有ベクトル**（eigenvector）と呼ぶ．

係数 a_1, a_2 を変化させるとサンプルごとの主成分 Z の値は変化していくのでさまざまな分散の値が得られる．ただし，この場合，係数 a_1, a_2 を定数倍することで分散はいくらでも大きな値をとるようになるため，$a_1^2 + a_2^2 = 1$ という条件を設定し，分散を最大化する係数を算出する．固有ベクトルは求めた主成分と説明変数との関係性の強さを示している．

3.4.5 主成分負荷量

主成分負荷量（principal loading）は，固有値の平方根に固有ベクトルを乗ずることで算出される．固有ベクトルと同様に求めた主成分と説明変数との相関関係の強さを示すが，固有ベクトルの値はさまざまな値をとりうるのに対して，主成分負荷量は基準化された量である．主成分負荷量の散布図を作成することで各説明変数と主成分軸との関係性を明確に整理することができる．

3.4.6 主成分の算出法

表 3-12 のデータを用いて主成分分析の流れを説明する．

(1) 固有値の算出

分散共分散行列 V を

$$V = \begin{bmatrix} V_{11} & V_{12} \\ V_{21} & V_{22} \end{bmatrix} \tag{3-52}$$

とおいた場合，固有値 λ は次の行列式を解くことで求められる．

$$\begin{vmatrix} V_{11}-\lambda & V_{12} \\ V_{21} & V_{22}-\lambda \end{vmatrix} = 0 \tag{3-53}$$

すなわち，次式を λ について解けばよい．

$$(V_{11}-\lambda)(V_{22}-\lambda) - V_{12}V_{21} = 0 \tag{3-54}$$

表 3-12 より，

$$\begin{aligned}
V_{11} &= S_{11}/(n-1) = S_{11}/(10-1) = S_{11}/9 = 37.34 \\
V_{22} &= S_{22}/(n-1) = S_{22}/(10-1) = S_{22}/9 = 42.90 \\
V_{12} &= V_{21} = S_{12}/(n-1) = S_{12}/(10-1) = S_{12}/9 = 29.88 \\
&(37.34-\lambda)(42.90-\lambda) - 29.88^2 = 0 \\
&\lambda^2 - 80.24\lambda + 709.07 = 0
\end{aligned} \tag{3-55}$$

となるので，この 2 次方程式を解くと λ が求まる．この場合，第 1 主成分の固

表 3-12　偏差平方和と偏差積和

	身長: x_1	体重: x_2	$(x_{i1}-\bar{x}_1)^2$	$(x_{i2}-\bar{x}_2)^2$	$(x_{i1}-\bar{x}_1)(x_{i2}-\bar{x}_2)$
1	163	61	94.09	53.29	70.8
2	165	60	59.29	68.89	63.9
3	168	68	22.09	0.09	1.4
4	176	64	10.89	18.49	−14.2
5	172	62	0.49	39.69	4.4
6	174	68	1.69	0.09	−0.4
7	171	73	2.89	22.09	−8.0
8	177	77	18.49	75.69	37.4
9	182	78	86.49	94.09	90.2
10	179	72	39.69	13.69	23.3
合計	1727	683	336.10	386.10	268.9
			S_{11}	S_{22}	S_{12}

有値 λ_1 は 70.13,第 2 主成分の固有値 λ_2 は 10.11 となる.

(2) 固有ベクトルの算出

算出された固有値を用いて,以下の方程式を解くことにより固有ベクトルを求める.

$$\begin{aligned} V_{11}a_1 + V_{12}a_2 - \lambda a_1 &= 0 \\ V_{12}a_1 + V_{22}a_2 - \lambda a_2 &= 0 \\ a_1^2 + a_2^2 &= 1 \end{aligned} \tag{3-56}$$

$\lambda = 70.13$ なので,

$$\begin{aligned} 37.34a_1 + 29.88a_2 - 70.13a_1 &= 0 \\ 29.88a_1 + 42.90a_2 - 70.13a_2 &= 0 \\ a_1^2 + a_2^2 &= 1 \end{aligned} \tag{3-57}$$

上式を解くと,

$$\begin{aligned} 32.79a_1 &= 29.88a_2 \\ a_1 &= \frac{29.88}{32.79}a_2 = 0.911a_2 \\ (0.911a_2)^2 + a_2^2 &= 1 \\ a_2^2 &= \frac{1}{1.830} \to a_2 = \pm 0.739, a_1 = \pm 0.673 \end{aligned} \tag{3-58}$$

となるので,

$$Z = 0.673x_1 + 0.739x_2 \tag{3-59}$$

$\lambda = 10.11$ のときも同様にして,

$$Z = 0.738x_1 - 0.675x_2 \tag{3-60}$$

以上は変数が 2 つの場合における説明であったが,ここからは,表 3-13 のように p 個の変数について n 個のデータを測定した場合の算出過程を解説する.なお,主成分分析においては逆行列の計算が必要となるため,変数の数よりも多くのデータ数を確保する必要があり,$n > p$ となる.この場合の主成分 Z は次式のように定義される.

$$Z = a_1 x_1 + a_2 x_2 + \cdots + a_p x_p \tag{3-61}$$

また,i 番目サンプルの主成分得点 Z_i は次式で定義される.

$$Z_i = a_1 x_{i1} + a_2 x_{i2} + \cdots + a_p x_{ip} \tag{3-62}$$

このとき,主成分得点の分散 V は次式によって表される.

3.4 主成分分析　77

表 3-13　解析に用いるデータ

サンプル＼変数	x_1	x_2	...	x_j	...	x_p
1	x_{11}	x_{12}	...	x_{1j}	...	x_{1p}
2	x_{21}	x_{22}	...	x_{2j}	...	x_{2p}
⋮	⋮	⋮		⋮		⋮
i	x_{i1}	x_{i2}	...	x_{ij}	...	x_{ip}
⋮	⋮	⋮		⋮		⋮
n	x_{n1}	x_{n2}	...	x_{nj}	...	x_{np}

$$V = \frac{1}{n-1}\sum_{i=1}^{n}(Z_i - \bar{Z})^2 \tag{3-63}$$

ここでは，**ラグランジュの未定乗数法**（Lagrange method of undetermined multipliers）を用いて，式(3-63)における V を最大にする固有ベクトル $[a_1, a_2, ..., a_p]$ を求める．

未定乗数を λ とすると，$G = V - \lambda(a_1^2 + a_2^2 + \cdots + a_p^2 - 1)$ において G を最大にする固有ベクトル $[a_1, a_2, ..., a_p]$ を求める問題となる．この問題は，重回帰分析，判別分析と同様に最小，最大の問題であり，G を $a_1, a_2, ..., a_p, \lambda$ で偏微分して 0 とおくことで以下の固有方程式が求められる．

$$\begin{vmatrix} (V_{11}-\lambda) & V_{12} & \cdots & V_{1p} \\ V_{21} & (V_{22}-\lambda) & \cdots & V_{2p} \\ \vdots & \vdots & & \vdots \\ V_{p1} & V_{p2} & \cdots & (V_{pp}-\lambda) \end{vmatrix} = 0 \tag{3-64}$$

ここで，$V_{jk}(j,k=1,2,...,p)$ は分散，共分散を表す．この方程式は，λ を未知数とする p 次方程式となり，$\lambda_1, \lambda_2, ..., \lambda_p$ の p 個の解が求められる．ただし，$\lambda_1 \geq \lambda_2 \geq \cdots \geq \lambda_p \geq 0$ とする．

求められた 1 つの固有値 λ_i に対する固有ベクトル $[a_{i1}, a_{i2}, ..., a_{ip}]$ は，次の連立方程式を解くことによって求められる．

$$\begin{bmatrix} V_{11} & V_{12} & \cdots & V_{1p} \\ V_{21} & V_{22} & \cdots & V_{2p} \\ \vdots & \vdots & & \vdots \\ V_{p1} & V_{p2} & \cdots & V_{pp} \end{bmatrix} \begin{bmatrix} a_{i1} \\ a_{i2} \\ \vdots \\ a_{ip} \end{bmatrix} = \lambda_i \begin{bmatrix} a_{i1} \\ a_{i2} \\ \vdots \\ a_{ip} \end{bmatrix} \tag{3-65}$$

ただし，$a_{i1}^2 + a_{i2}^2 + \cdots + a_{ip}^2 = 1$ である．

以上の固有値と固有ベクトルの算出法は分散共分散行列から主成分を求める方法である．ここで，例題の特性値を10倍にした値で固有ベクトルを求めてみると，固有ベクトルの値は大幅に変化する．このように，分散共分散行列から主成分を求める手法は，特性値の単位系が解析結果に影響するため，解析データの単位系を揃える必要性がある．

単位系が揃っていない場合は，各特性値を基準化したうえで主成分分析を行えばよい．この場合，各変数の分散は1，共分散は相関係数となるため，変数間の相関係数行列を用いた主成分分析の解法となる．相関係数行列を用いた主成分分析では，式(3-65)の V_{jk} を相関係数 r_{jk} に置き換え，固有方程式を次式のように定義する．

$$\begin{vmatrix} (r_{11} - \lambda) & r_{12} & \cdots & r_{1p} \\ r_{21} & (r_{22} - \lambda) & \cdots & r_{2p} \\ \vdots & \vdots & \vdots & \vdots \\ r_{p1} & r_{p2} & \cdots & (r_{pp} - \lambda) \end{vmatrix} = 0 \tag{3-66}$$

ただし，$r_{11} = r_{22} = \cdots = r_{pp} = 1$ である．また，固有値 λ に対する固有ベクトルは次式により定義される．

$$\begin{bmatrix} r_{11} & r_{12} & \cdots & r_{1p} \\ r_{21} & r_{22} & \cdots & r_{2p} \\ \vdots & \vdots & \cdots & \vdots \\ r_{p1} & r_{2p} & \cdots & r_{pp} \end{bmatrix} \begin{bmatrix} a_{i1} \\ a_{i2} \\ \vdots \\ a_{ip} \end{bmatrix} = \lambda_i \begin{bmatrix} a_{i1} \\ a_{i2} \\ \vdots \\ a_{ip} \end{bmatrix} \tag{3-67}$$

なお，相関係数行列 **R** と分散共分散行列 **V** に関しては，以下のような視点で使い分けることが望まれる．

・特性値の単位系が揃っていない場合：

相関係数行列 **R** による主成分分析を行う．この場合，固有ベクトルの大きさに意味はなく，その方向を求めている．

・特性値の単位系が揃っている場合：
　　相関係数行列 R による主成分分析を行うこともできるが，分散共分散行列 V を用いることが望ましい．この場合は，求めた固有ベクトルの大きさに意味がある．

3.4.7　寄与率

主成分分析における寄与率ρとは，主成分軸の説明力の大きさを表す指標であり，全体の固有値に対する j 番目の主成分の固有値の比率を寄与率ρ_jとして，次式のように定義される．

$$\rho_j = \frac{\lambda_j}{\sum_{i=1}^{p} \lambda_i} \tag{3-68}$$

3.4.8　主成分の数

主成分分析においては，多数の特性値からなるデータ構造を，可能な限り少ない主成分で表現することが望ましい．一般に，主成分の数は以下の指標を目処に決定する．
・累積寄与率が 0.8 以上
・固有値が 1 以上

ここで，**累積寄与率**（cumulative contribution rate）とは，各主成分における寄与率の，想定する主成分数までの合計をとったものであり，主成分によって全体のデータ構造がどの程度まで反映されているかを示す指標である．

3.4.9　事例と解析手順

自動車開発においては，開発期間の短縮や開発費用の削減による製品開発の効率化が重要となる．本事例においては，製品開発の効率化を行うための視点を得るため，効率化において注目すべき評価項目の抽出を試みた．

自動車開発の専門家により，45 の設計要素に対する 17 の評価項目のランク付けを実施し，表 3-14 に示すデータを得た．そして，17 の評価項目を変数とした主成分分析を行い，合成変量である主成分を抽出した．

表 3-14　主成分分析に用いたデータ

	設計期間	試作期間	評価期間	設計工数	試作費(試作型費など)	設備費	評価工数	評価難易度(予測技術など)	試作難易度(精度など)	評価難易度(実験再現性など)	部品の標準化率	構造の統一性	一車種当たりのバリエーション数	設計変更による他の要素への影響	意匠と生産要件の従属性	意匠と機能の従属性	機能と生産要件の従属性
ボディーシェル	4	3	4	3	3	4	3	3	2	4	1	4	1	5	5	4	4
フロントドア	3	2	2	2	2	3	3	3	3	2	2	4	2	3	3	4	4
リヤドア	3	2	2	2	2	3	3	3	3	2	2	4	1	3	3	4	4
フード	2	2	1	1	2	1	2	2	1	2	1	5	1	3	3	3	3
⋮	⋮	⋮	⋮	⋮	⋮	⋮	⋮	⋮	⋮	⋮	⋮	⋮	⋮	⋮	⋮	⋮	⋮
リヤサスペンション	4	4	3	3	4	4	4	3	3	4	3	4	2	4	1	1	4
ステアリング	3	3	3	2	2	2	2	2	2	4	2	4	3	3	1	3	4
ブレーキ	3	3	3	2	2	2	3	2	3	3	4	4	1	3	1	1	4
ロードホイール	1	2	2	1	2	2	2	2	2	2	3	4	1	3	1	2	3

(1) 主成分分析の実施

多変量解析ソフトを用いて主成分分析を行った結果，本事例においては，主成分 3 の固有値までが 1 を超えており，累積寄与率が 80%であったことから，主成分数を 3 とした．主成分分析の結果を表 3-15 に示す．

(2) 主成分の抽出

表 3-15 に示す主成分負荷量の一覧から，各主成分は以下のようになり，効率化において注目すべき 3 種類の合成変数を抽出することができた．

主成分 1：設計難易度の高低や，設計工数，試作費の大小などを合成した「開発の規模」を表す主成分と考えられる．

主成分 2：意匠と機能の従属性および意匠と生産要件の従属性を合成した「意匠設計の要件（自由度）」を表す主成分と考えられる．

主成分 3：1 つの車種における設計要素の統一性および構造の統一性を合成した「構造の統一性」を表す主成分と考えられる．

表 3-15 主成分分析の結果

		主成分1	主成分2	主成分3
開発の規模	設計難易度(予測技術など)	0.925	0.120	−0.007
	設計期間	0.920	0.030	0.070
	評価工数	0.916	0.068	−0.003
	試作費(試作型費など)	0.910	0.070	0.025
	試作期間	0.905	0.044	0.127
	設計工数	0.898	−0.019	−0.167
	設備費	0.897	0.151	−0.001
	評価期間	0.877	−0.150	−0.171
	試作難易度(精度など)	0.876	0.126	−0.087
	機能と生産要件の従属性	0.750	0.090	0.347
	設計変更による他の要素への影響	0.731	0.094	0.344
	評価難易度(実験再現性など)	0.689	0.543	−0.073
	部品の標準化率	0.637	−0.624	−0.089
意匠設計の要件 (自由度)	意匠と機能の従属性	−0.195	0.875	0.288
	意匠と生産要件の従属性	−0.490	0.771	0.085
構造の統一性	一車種当たりのバリエーション数	0.123	0.100	−0.813
	構造の統一性	−0.038	−0.570	0.599
	固有値	9.608	2.485	1.449
	寄与率(%)	57	15	9
	累積寄与率(%)	57	71	80

※網掛は絶対値が0.5以上

以上の解析結果から,「開発の規模」,「意匠設計の要件(自由度)」,「構造の統一性」に主眼をおいた自動車開発を行うことで,製品開発の効率化が進展していくものと考えられる.

※注:本事例は,参考文献[8]の内容を一部抜粋・変更のうえ使用.

3.5 因子分析

因子分析(factor analysis)とは,多変量データに基づき,特性間の関係の背後に潜む潜在的な**共通因子**(common factor)の存在を想定して**因子**(factor)を抽出し,因子と個々の変数との関係を調べることでさまざまな仮説の立案を行うための手法である.主成分分析と同様に,因子分析にも目的変数は存在しな

い．

3.5.1 因子分析の目的

前節で述べた主成分分析は，解析対象のデータに対して説明力の高い（軸上で分散が最大となる）主成分を求める手法であり，データから一義的に導かれる．一方，因子分析は特性間の関係の背後に潜む共通因子の存在をあらかじめ想定して解析を進める手法であり，因子の導出手法が異なると得られる結果も異なる．このように，分析における考え方が異なるため，主成分分析は説明変数を少数の主成分に合成する手法，因子分析は説明変数を少数の共通因子に分解する手法と呼ばれる．

因子分析は，心理学や商品企画，およびマーケティングの分野で広く用いられており，想定した共通因子に対する特性間の関係や，サンプル間の関係を可視化して，そこからさまざまな仮説を立案することが行われている．

3.5.2 因子分析の考え方

表 3-16〜表 3-20 までを用いて因子分析の概要を説明する．表 3-16 には，10人分の高校生（サンプル数：10）の国語，数学，物理，および英語の 4 教科（変数の数：4）における学年評価（10 段階）が示されている．因子分析においても，主成分分析と同様に逆行列の計算が必要となるため，この例に示すように，

表 3-16 学年評価

生徒	国語:x_1	数学:x_2	物理:x_3	英語:x_4
1	10	8	9	8
2	9	7	7	9
3	7	5	5	8
4	8	6	6	5
5	7	10	8	6
6	5	3	5	4
7	6	5	5	3
8	7	9	10	6
9	6	8	7	5
10	7	6	8	7

表 3-17　基準化された学年評価

生徒	国語: x_1	数学: x_2	物理: x_3	英語: x_4
1	1.897	0.616	1.134	0.994
2	1.220	0.142	0.000	1.517
3	-0.136	-0.805	-1.134	0.994
4	0.542	-0.332	-0.567	-0.575
5	-0.136	1.563	0.567	-0.052
6	-1.491	-1.753	-1.134	-1.098
7	-0.813	-0.805	-1.134	-1.621
8	-0.136	1.090	1.701	-0.052
9	-0.813	0.616	0.000	-0.575
10	-0.136	-0.332	0.567	0.471

表 3-18　因子得点

生徒 i	文科系能力 $k=1$	理科系能力 $k=2$
1	$f_{1\,1}$	$f_{1\,2}$
2	$f_{2\,1}$	$f_{2\,2}$
3	$f_{3\,1}$	$f_{3\,2}$
⋮	⋮	⋮
10	$f_{10\,1}$	$f_{10\,2}$

変数の数よりも多くのデータ数を確保する必要がある．また，表 3-17 には，表 3-16 のデータを教科ごとに基準化した結果が示されている．ここでは，大学進学時の進路選択を想定して，4 教科の評価結果の背景に，文科系能力因子と理科系能力因子の 2 つを仮定する．

　因子分析においては，表 3-18 に示すように，各生徒が 2 つの共通因子に対する得点を持つと考える．この得点を共通因子の**因子得点**（factor score）と呼び f_{ik} と表す．また，表 3-19 に示すように，2 つの共通因子に教科ごとの係数を掛けることで各教科の評価が得られると考える．この係数を**因子負荷量**（factor loading）と呼び a_{ik} と表す．因子負荷量は因子の各変数（この場合は教科）への影響力を表す．しかし，共通因子だけでは説明できない生徒ごとの独自成分も存在する．これを**独自因子**（unique factor）と呼び e_{ij} と表す．この例での独自

表 3-19 因子負荷量

科目 j	文科系能力 $k=1$	理科系能力 $k=2$
国語 $j=1$	a_{11}	a_{12}
数学 $j=2$	a_{21}	a_{22}
物理 $j=3$	a_{31}	a_{32}
英語 $j=4$	a_{41}	a_{42}

表 3-20 独自因子

生徒 i	国語 $j=1$	数学 $j=2$	物理 $j=3$	英語 $j=4$
1	e_{11}	e_{12}	e_{13}	e_{14}
2	e_{21}	e_{22}	e_{23}	e_{24}
3	e_{31}	e_{32}	e_{33}	e_{34}
4	e_{41}	e_{42}	e_{43}	e_{44}
5	e_{51}	e_{52}	e_{53}	e_{54}
6	e_{61}	e_{62}	e_{63}	e_{64}
7	e_{71}	e_{72}	e_{73}	e_{74}
8	e_{81}	e_{82}	e_{83}	e_{84}
9	e_{91}	e_{92}	e_{93}	e_{94}
10	$e_{10\,1}$	$e_{10\,2}$	$e_{10\,3}$	$e_{10\,4}$

因子をまとめると表3-20のようになる．

以上のように共通因子と独自因子を仮定したうえで，因子負荷量を a_{jk}，共通因子の因子得点を f_{ik}，独自因子を e_{ij} とし，各教科の評価結果 Z_{ij} を次式のように定義する．

$$Z_{ij} = a_{j1}f_{i1} + a_{j2}f_{i2} + e_{ij} \tag{3-69}$$

ここで，i ($i=1,2,...,10$)は生徒を表し，j ($j=1,2,3,4$)は 1 が国語を，2 が数学を，3 が物理を，4 が英語を表し，k ($k=1,2$)は 1 が文科系能力を，2 が理科系能力を表す．なお，ここでは理解を容易にするため因子に名称をつけたが，実際の因子分析においては単に因子数を仮定するだけである．因子分析においては，式(3-69)の 2 つの因子負荷量を求めることが解析の目的となる．

3.5.3 因子負荷量

表 3-17 の基準化された学年評価は，平均が 0，分散が 1 となるので，

$$V_j = \frac{\sum (Z_{ij} - 0)^2}{n-1} = \frac{\sum Z_{ij}^2}{n-1} = 1 \tag{3-70}$$

となる($j=1,2,3,4$). また，式(3-69)の Z_{ij} に対して，$\sum Z_{ij}^2 /(n-1)$ を求めると次式になる．

$$\begin{aligned}
\frac{\sum Z_{ij}^2}{n-1} &= \frac{1}{n-1}\sum Z_{ij}^2 = \frac{1}{n-1}\sum(a_{j1}f_{i1} + a_{j2}f_{i2} + e_{ij})^2 \\
&= \frac{1}{n-1}\sum(a_{j1}^2 f_{i1}^2 + a_{j2}^2 f_{i2}^2 + e_{ij}^2 + 2a_{j1}a_{j2}f_{i1}f_{i2} + 2a_{j1}f_{i1}e_{ij} + 2a_{j2}f_{i2}e_{ij}) \\
&= a_{j1}^2 \frac{\sum f_{i1}^2}{n-1} + a_{j2}^2 \frac{\sum f_{i2}^2}{n-1} + \frac{\sum e_{ij}^2}{n-1} + 2a_{j1}a_{j2}\frac{\sum f_{i1}f_{i2}}{n-1} \\
&\quad + 2a_{j1}\frac{\sum f_{i1}e_{ij}}{n-1} + 2a_{j2}\frac{\sum f_{i2}e_{ij}}{n-1}
\end{aligned} \tag{3-71}$$

因子分析では次の仮定のもとに因子負荷量を求める ($j=1,2,3,4$, $j'=1,2,3,4$ $j \neq j'$, $k=1,2$).

- 共通因子の平均は 0，分散は 1 である．

$$\frac{\sum f_{i1}}{n} = 0, \quad \frac{\sum f_{i2}}{n} = 0, \quad \frac{\sum f_{i1}^2}{n-1} = 1, \quad \frac{\sum f_{i2}^2}{n-1} = 1 \tag{3-72}$$

- 独自因子の平均は 0，分散は定数となる．

$$\frac{\sum e_{ij}}{n} = 0, \quad \frac{\sum e_{ij}^2}{n-1} = d_j^2 \tag{3-73}$$

- 共通因子どうし，独自因子どうし，および独自因子と共通因子は互いに無相関である．

$$\frac{\sum e_{ij}e_{ij'}}{n-1} = 0, \quad \frac{\sum f_{i1}e_{ij}}{n-1} = 0, \quad \frac{\sum f_{i2}e_{ij}}{n-1} = 0, \quad \frac{\sum f_{i1}f_{i2}}{n-1} = 0 \tag{3-74}$$

なお，共通因子どうしの相関には，2 とおりの仮定方法がある．1 つは互いに無相関を仮定する直交因子，もう 1 つは無相関を仮定しない斜交因子である．

ここでは直交因子の場合を考える．

以上の仮定より式(3-71)は，次式のように書くことができる．

$$\frac{\sum Z_{ij}^2}{n-1} = a_{j1}^2 + a_{j2}^2 + d_j^2 \tag{3-75}$$

式(3-70)から

$$a_{j1}^2 + a_{j2}^2 + d_j^2 = 1 \tag{3-76}$$

式(3-76)における，$a_{j1}^2 + a_{j2}^2$ を**共通性**（communality）といい，h_j^2 で表す．

$$h_j^2 = a_{j1}^2 + a_{j2}^2 \tag{3-77}$$

次に，Z_j と $Z_{j'}$ との相関係数を $r_{jj'}$ とおき，$r_{jj'}$ と因子負荷量との関係を調べる．Z_j と $Z_{j'}$ は基準値なので，$r_{jj'}$ は次式により表される．

$$r_{jj'} = \frac{\sum (Z_{ij}-0)(Z_{ij'}-0)}{\sqrt{\sum (Z_{ij}-0)^2 (Z_{ij'}-0)^2}} = \frac{\sum Z_{ij} Z_{ij'}}{n-1} \tag{3-78}$$

これは，式(3-70)より，$\sum Z_{ij}^2 = n-1$，$\sum Z_{ij'}^2 = n-1$ となるためである．

次に，$\sum Z_{ij} Z_{ij'} / (n-1)$ を求める．前述した仮定をこの式に適用すると，次式のようになる．

$$\begin{aligned}\sum \frac{Z_{ij} Z_{ij'}}{n-1} &= \frac{1}{n-1} \sum (a_{j1} f_{i1} + a_{j2} f_{i2} + e_{ij})(a_{j'1} f_{i2} + a_{j'2} f_{i2} + e_{ij'}) \\ &= a_{j1} a_{j'1} + a_{j2} a_{j'2}\end{aligned} \tag{3-79}$$

式(3-78)より，

$$r_{jj'} = a_{j1} a_{j'1} + a_{j2} a_{j'2} \tag{3-80}$$

となる．ここで，**相関行列**（correlation matrix）R を次式のように定義する．

$$R = \begin{bmatrix} r_{11} & r_{12} & r_{13} & r_{14} \\ r_{21} & r_{22} & r_{23} & r_{24} \\ r_{31} & r_{32} & r_{33} & r_{34} \\ r_{41} & r_{42} & r_{43} & r_{44} \end{bmatrix} = \begin{bmatrix} 1 & r_{12} & r_{13} & r_{14} \\ r_{21} & 1 & r_{23} & r_{24} \\ r_{31} & r_{32} & 1 & r_{34} \\ r_{41} & r_{42} & r_{43} & 1 \end{bmatrix} \tag{3-81}$$

式(3-76)，式(3-80)より，式(3-81)は次式のようにまとめられる（等号で示さない理由は，共通性の反復推定の説明で示す）．

$$R \fallingdotseq \begin{bmatrix} a_{11}^2+a_{12}^2+d_1^2 & a_{11}a_{21}+a_{12}a_{22} & a_{11}a_{31}+a_{12}a_{32} & a_{11}a_{41}+a_{12}a_{42} \\ a_{21}a_{11}+a_{22}a_{12} & a_{21}^2+a_{22}^2+d_2^2 & a_{21}a_{31}+a_{22}a_{32} & a_{21}a_{41}+a_{22}a_{42} \\ a_{31}a_{11}+a_{32}a_{12} & a_{31}a_{21}+a_{32}a_{22} & a_{31}^2+a_{32}^2+d_3^2 & a_{31}a_{41}+a_{32}a_{42} \\ a_{41}a_{11}+a_{42}a_{12} & a_{41}a_{21}+a_{42}a_{22} & a_{41}a_{31}+a_{42}a_{32} & a_{41}^2+a_{42}^2+d_4^2 \end{bmatrix} \quad (3\text{-}82)$$

なお,以上の例は4変数に対して2つの共通因子を想定した場合であるが,変数の数によらず式(3-79)は成立する.

ここで,行列 D を次式のように定義する.

$$D = \begin{bmatrix} d_1^2 & 0 & 0 & 0 \\ 0 & d_2^2 & 0 & 0 \\ 0 & 0 & d_3^2 & 0 \\ 0 & 0 & 0 & d_4^2 \end{bmatrix} \quad (3\text{-}83)$$

$R' = R - D$ とおくと,

$$\begin{aligned}R' &= \begin{bmatrix} a_{11}^2+a_{12}^2 & a_{11}a_{21}+a_{12}a_{22} & a_{11}a_{31}+a_{12}a_{32} & a_{11}a_{41}+a_{12}a_{42} \\ a_{21}a_{11}+a_{22}a_{12} & a_{21}^2+a_{22}^2 & a_{21}a_{31}+a_{22}a_{32} & a_{21}a_{41}+a_{22}a_{42} \\ a_{31}a_{11}+a_{32}a_{12} & a_{31}a_{21}+a_{32}a_{22} & a_{31}^2+a_{32}^2 & a_{31}a_{41}+a_{32}a_{42} \\ a_{41}a_{11}+a_{42}a_{12} & a_{41}a_{21}+a_{42}a_{22} & a_{41}a_{31}+a_{42}a_{32} & a_{41}^2+a_{42}^2 \end{bmatrix} \\ &= \begin{bmatrix} a_{11} & a_{12} \\ a_{21} & a_{22} \\ a_{31} & a_{32} \\ a_{41} & a_{42} \end{bmatrix} \begin{bmatrix} a_{11} & a_{21} & a_{31} & a_{41} \\ a_{12} & a_{22} & a_{32} & a_{42} \end{bmatrix}\end{aligned} \quad (3\text{-}84)$$

となり,因子負荷量は式(3-84)が成立するように算出する.

(1) 共通性の推定

前述の R' は,相関行列 R から独自因子の分散 d_j^2 を対角要素として持つ行列 D を引いた値である.ここで,独自因子 d_j^2 は不明であることから,d_j^2 を推定して R' を求める.式(3-77)に示した共通性 h_j^2 を推定できれば式(3-76)より d_j^2 が求められる.d_j^2 を求めるために h_j^2 を推定することを共通性の推定と呼ぶ.共通性を推定するためには初期値を設定する必要があり,一般には以下に示す3つの方法のいずれかで行う.

(1) 初期値:1
(2) 初期値:相関行列 R の各列の最大値

(3) 初期値：変数 Z_j の共通性 h_j^2 の推定値として，目的変数を Z_j，説明変数を Z_j 以外の変数とした重回帰式の寄与率

そして，相関行列 $\boldsymbol{R}$ の対角要素を初期値に置き換えたものを $\boldsymbol{R}'$ として式(3-84)を解く．ここで，行列 $\boldsymbol{R}'$ の固有値と固有ベクトルを求めれば，以下の手順にしたがって因子負荷量を求めることができる．

($p \times p$) の正方行列 $\boldsymbol{X}$ には，p 個の固有ベクトルが存在する．$\boldsymbol{X}$ の固有値を $\lambda_1, \lambda_2, \ldots, \lambda_p$ とする．λ_j に対する固有ベクトルを $[e_{1j}, e_{2j}, \ldots, e_{pj}]$ とする．このとき，$\boldsymbol{X}$ は次式のようにスペクトル分解できる．

$$\boldsymbol{X} = \lambda_1 \begin{bmatrix} e_{11} \\ e_{21} \\ \vdots \\ e_{p1} \end{bmatrix} \begin{bmatrix} e_{11} & e_{21} & \cdots & e_{p1} \end{bmatrix} + \lambda_2 \begin{bmatrix} e_{12} \\ e_{22} \\ \vdots \\ e_{p2} \end{bmatrix} \begin{bmatrix} e_{12} & e_{22} & \cdots & e_{p2} \end{bmatrix} + \cdots \qquad (3\text{-}85)$$

式(3-85)を変形すると，

$$\boldsymbol{X} = \underbrace{\begin{bmatrix} \sqrt{\lambda_1}e_{11} & \sqrt{\lambda_1}e_{12} & \cdots \\ \sqrt{\lambda_2}e_{21} & \sqrt{\lambda_2}e_{22} & \cdots \\ \vdots & \vdots & \end{bmatrix}}_{p \text{ 個}} \underbrace{\begin{bmatrix} \sqrt{\lambda_1}e_{11} & \sqrt{\lambda_1}e_{21} & \cdots \\ \sqrt{\lambda_2}e_{12} & \sqrt{\lambda_2}e_{22} & \cdots \\ \vdots & \vdots & \end{bmatrix}}_{p \text{ 個}} \Bigg\} p \text{ 個} \qquad (3\text{-}86)$$

となる．0 に近い固有値がある場合はその固有値を無視して，m 個 ($m < p$) の固有値を用いて $\boldsymbol{X}$ を次式で近似する．

$$\boldsymbol{X} \fallingdotseq \underbrace{\begin{bmatrix} \sqrt{\lambda_1}e_{11} & \sqrt{\lambda_1}e_{12} & \cdots \\ \sqrt{\lambda_2}e_{21} & \sqrt{\lambda_2}e_{22} & \cdots \\ \vdots & \vdots & \end{bmatrix}}_{m \text{ 個}} \underbrace{\begin{bmatrix} \sqrt{\lambda_1}e_{11} & \sqrt{\lambda_1}e_{21} & \cdots \\ \sqrt{\lambda_2}e_{12} & \sqrt{\lambda_2}e_{22} & \cdots \\ \vdots & \vdots & \end{bmatrix}}_{p \text{ 個}} \Bigg\} m \text{ 個} \qquad (3\text{-}87)$$

このようにして $\boldsymbol{R}'$ の固有値と固有ベクトルを求め，固有値の平方根と固有ベクトルの積を計算すれば $\boldsymbol{R}'$ の因子負荷量を算出できる．

$$a_{jk} = \sqrt{\lambda_k} e_{jk} \qquad (3\text{-}88)$$

以上に示した因子負荷量の算出法を**主因子法**（principal factor analysis）と呼ぶ．因子負荷量の算出法としてはこの他にセントロイド法や最尤法などがある．こ

れらの算出法の採用に関しては，まず，それぞれの方法で因子分析を行い，それらの結果を比較したうえで最終的に決定することが望ましい．

例として，共通性の初期値を 1 とおき，表 3-17 のデータに対して因子分析を行う．共通因子の数は 2 つと仮定し，共通性の推定には主因子法を用いる．

まず，相関行列 R の対角要素を初期値に置き換えたものを R' とする．

$$R' = \begin{bmatrix} 1 & 0.4138 & 0.4696 & 0.7403 \\ 0.4138 & 1 & 0.8058 & 0.3111 \\ 0.4696 & 0.8058 & 1 & 0.3954 \\ 0.7403 & 0.3111 & 0.3954 & 1 \end{bmatrix} \tag{3-89}$$

R' の固有値を λ とすると，λ は次の方程式により求められる．

$$\begin{vmatrix} 1-\lambda & r_{12} & r_{13} & r_{14} \\ r_{21} & 1-\lambda & r_{23} & r_{24} \\ r_{31} & r_{32} & 1-\lambda & r_{34} \\ r_{41} & r_{42} & r_{43} & 1-\lambda \end{vmatrix} = 0 \tag{3-90}$$

式(3-90)の行列式を解いて求めた固有値は，$\lambda = 2.571, 0.986, 0.255, 0.188$ となる．

次に，R' の固有ベクトルを求める．$\lambda_1 = 2.571$ の場合，

$$\begin{bmatrix} 1 & 0.4138 & 0.4696 & 0.7403 \\ 0.4138 & 1 & 0.8058 & 0.3111 \\ 0.4696 & 0.8058 & 1 & 0.3954 \\ 0.7403 & 0.3111 & 0.3954 & 1 \end{bmatrix} \begin{bmatrix} e_{11} \\ e_{21} \\ e_{31} \\ e_{41} \end{bmatrix} = 2.571 \begin{bmatrix} e_{11} \\ e_{21} \\ e_{31} \\ e_{41} \end{bmatrix} \tag{3-91}$$

となり，この連立方程式を解くことにより固有ベクトルを求める．さらに，因子負荷量は固有値の平方根と固有ベクトルの積により求められる．

(2) 共通性の反復推定

4 変数の因子分析においては，固有値の数は 4 つまで求めることが可能である．しかし，因子分析においては，変数の数よりも少ない数の因子による情報の分解を行うため，求められる固有値のなかでも値の小さいものは無視される．式(3-82)において両辺が等号で結ばれていないのは，小さい固有値を無視して整理したためである．

求めた因子負荷量から，式(3-82)～(3-84)を用いて共通性を算出する．一般に，変数の数より因子の数が少ない場合，求めた共通性は初期値と一致しない．求

めた共通性と初期値との差が事前に設定した基準値より小さい場合は計算を終了して因子分析の結果とする．基準値より大きい場合は，求めた共通性に基づき再度分析を行い，分析前後における共通性と初期値の差を求めて基準値と比較する．この過程を基準値より小さくなるまで繰り返す．以上の方法を共通性の反復推定と呼ぶ．

3.5.4 寄与率

因子分析における寄与率とは，各因子の説明力の大きさを表す指標であり，求めた因子の固有値を $\lambda_1, \lambda_2, ..., \lambda_m$，変数の個数を p とおいて，j 番目の因子の寄与率 ρ_j を次式のように定義する．

$$\rho_j = \frac{\lambda_j}{p} \tag{3-92}$$

また，1番目から j 番目の因子までの固有値の合計と変数の個数 p との比率である $\sum_{i=1}^{j} \lambda_i / p$ を累積寄与率と呼ぶ．因子分析における累積寄与率は，因子によって全体のデータ構造がどの程度まで表現できるかを示す指標である．

3.5.5 因子軸の回転

因子分析では求めた因子軸をもとに変数やサンプルの理解を容易にすることを目的としている．しかし，解析したそのままの結果では理解しにくいことが多い．そこで，解釈がしやすいように求めた因子軸の座標変換を行う．これを**因子軸の回転**（rotation of factors）と呼ぶ．

まず，一般的な軸の回転について述べる．点 $p(x, y)$ を軸Ⅰ・Ⅱから軸Ⅰ′・Ⅱ′に変換すると，新しい座標 (x', y') は次式のように表される．

$$\begin{aligned} x' &= x\cos\theta + y\sin\theta \\ y' &= -x\sin\theta + y\cos\theta \end{aligned} \tag{3-93}$$

これは，次式の行列計算に相当する．

$$[x', y'] = [x, y] \begin{bmatrix} \cos\theta & -\sin\theta \\ \sin\theta & \cos\theta \end{bmatrix} \tag{3-94}$$

u 番目と v 番目の任意の2つの因子について，回転前後の因子負荷量は次式

で定義される．

$$\begin{bmatrix} b_{1u} & b_{1v} \\ b_{2u} & b_{2v} \\ \vdots & \vdots \\ b_{pu} & b_{pv} \end{bmatrix} = \begin{bmatrix} a_{1u} & a_{1v} \\ a_{2u} & a_{2v} \\ \vdots & \vdots \\ a_{pu} & a_{pv} \end{bmatrix} \begin{bmatrix} \cos\theta & -\sin\theta \\ \sin\theta & \cos\theta \end{bmatrix} \quad (3\text{-}95)$$

因子軸の回転とは，次式における θ を求めることに相当する．

$$\begin{aligned} b_{ju} &= a_{ju}\cos\theta + a_{jv}\sin\theta \\ b_{jv} &= -a_{ju}\sin\theta + a_{jv}\cos\theta \end{aligned} \quad (3\text{-}96)$$

因子数が m のとき，回転後の因子負荷量は次式のように表される．

$$\boldsymbol{B} = \begin{bmatrix} b_{11} & b_{12} & \cdots & b_{1k} & \cdots & b_{1m} \\ b_{21} & b_{22} & \cdots & b_{2k} & \cdots & b_{2m} \\ \vdots & \vdots & & \vdots & & \vdots \\ b_{p1} & b_{p2} & & b_{pk} & & b_{pm} \end{bmatrix} \quad (3\text{-}97)$$

回転後の行列 $\boldsymbol{B}$ の第 k 因子における因子負荷量の自乗値の分散 V_k は，次式によって定義される．

$$V_k = \frac{1}{p}\left\{\sum_{j=1}^{p}\left(b_{jk}^2\right)^2 - \frac{1}{p}\left(\sum_{j=1}^{p}b_{jk}^2\right)^2\right\} \quad (3\text{-}98)$$

いくつかの変数に対する因子負荷量の絶対値が大きく，残りの変数に対して因子負荷量が 0 に近い構造となることを**単純構造**（simple structure）と呼び，この構造は式(3-98)において分散 V_k が大きくなる因子負荷量を算出することで求められる．まず，m 個の因子における式(3-98)の値を合計して次式 V を求める．

$$V = \sum_{k=1}^{m}\left\{\sum_{j=1}^{p}b_{jk}^4 - \frac{W}{p}\left(\sum_{j=1}^{p}b_{jk}^2\right)^2\right\} \quad (3\text{-}99)$$

この V が最大となるような b_{jk} を求める手法が，単純構造を求めるうえで最も一般的に用いられている**オーソマックス法**（orthomax method）である．式(3-99)において W は定数(1, 0.5, 0)であり，その違いによりオーソマックス法は以下の 3 つに区分される．

W-1 ：バリマックス法（varimax method）

$W=0.5$ ：**バイコーティマックス法**（bi-quartimax method）

$W=0$ ：**コーティマックス法**（quartimax method）

なお，実際に因子分析を行う際には，それぞれの方法で軸の回転を行い，それらの比較検討を行うことが望ましい．

式(3-98)において共通性の大きい変数は，平均的に各因子負荷量が大きいため回転に及ぼす影響も大きく，V の算出において各変数の因子負荷量を共通性 h_j で除した値 b_{jk}/h_j を用いることがある．これを基準化と呼び，式(3-99)は次式のように変換される．

$$V = \sum_{k=1}^{m} \left[\sum_{j=1}^{p} \left(\frac{b_{jk}}{h_j} \right)^4 - \frac{W}{p} \left\{ \sum_{j=1}^{p} \left(\frac{b_{jk}}{h_j} \right)^2 \right\}^2 \right] \tag{3-100}$$

$W=1$ の場合をバリマックス法と呼び，V を最大にする回転角は次式によって求められる．

$$\tan 4\theta = \frac{A_1 - A_2}{A_3 - A_4} \tag{3-101}$$

ただし，

$$\begin{aligned}
A_1 &= 4p \times \sum_{j=1}^{p} (a_{ju}^2 - a_{jv}^2) a_{ju} a_{jv} \\
A_2 &= 4 \times \sum_{j=1}^{p} (a_{ju}^2 - a_{jv}^2) \times \sum_{j=1}^{p} a_{ju} a_{jv} \\
A_3 &= p \times \sum_{j=1}^{p} \left\{ \left(a_{ju}^2 - a_{jv}^2 \right)^2 - 4 a_{ju}^2 a_{jv}^2 \right\} \\
A_4 &= \left\{ \sum_{j=1}^{p} \left(a_{ju}^2 - a_{jv}^2 \right) \right\}^2 - 4 \times \left(\sum_{j=1}^{p} a_{ju} a_{jv} \right)^2
\end{aligned} \tag{3-102}$$

以上のような手法を用いて因子軸を回転することで，表 3-21 および図 3-12 に示したように因子の解釈が容易になる．軸の回転を行うことで，文科系能力因子と理科系能力因子が抽出されたことを容易に理解できる．

3.5 因子分析

表 3-21 軸の回転による因子負荷量の変化

(a) 因子負荷量(回転前)

変数名	文科系能力	理科系能力
国語	0.753	0.382
数学	0.793	-0.486
物理	0.803	-0.347
英語	0.716	0.525

(b) 因子負荷量(回転後)

変数名	文科系能力	理科系能力
国語	0.792	0.292
数学	0.183	0.912
物理	0.292	0.825
英語	0.872	0.168

※網掛は絶対値が0.5以上

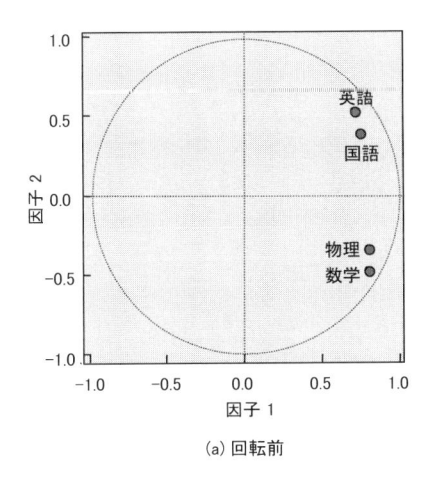

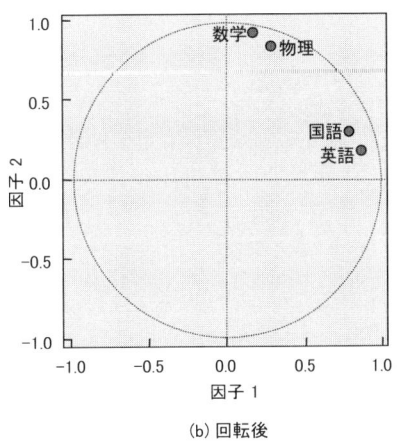

図 3-12 因子負荷量の散布図（因子軸の回転前後での比較）

3.5.6 因子得点の推定

i 番目のサンプルにおける j 番目の変数の基準化されたデータを Z_{ij} とおく．因子負荷量を a_{jk}，共通因子の因子得点を f_{ik}，独自因子を e_{ij} として，Z_{ij} は式(3-69)より次式のように表すことができる．

$$Z_{ij} = \sum_{k=1}^{m} a_{jk} f_{ik} + e_{ij} \tag{3-103}$$

ここでは，共通因子の因子得点 f_{ik} を推定する．計算上の因子得点 f'_{ik} を次式により定義する．

$$f'_{ik} = \sum_{j=1}^{p} b_{jk} Z_{ij} \tag{3-104}$$

因子分析においては，この f'_{ik} が真の因子得点 f_{ik} にできるだけ近いことが望ましいので，次式の θ_k を最小にする係数 b_{jk} を求める．

$$\theta_k = \sum_{i=1}^{n}(f_{ik} - f'_{ik})^2 = \sum_{i=1}^{n}(f_{ik} - \sum_{j=1}^{p}b_{jk}Z_{ij})^2 \tag{3-105}$$

この方法は，残差平方和を最小にする方法であり回帰推定法と呼ばれる．θ_k の最小化問題なので，次式のように θ_k を $b_{j'k}$ で偏微分して 0 とおく．

$$\frac{\partial \theta_k}{\partial b_{j'k}} = -2\sum_{i=1}^{n}Z_{ij'}(f_{ik} - \sum_{j=1}^{p}b_{jk}Z_{ij}) = 0 \tag{3-106}$$

上式を整理すると，

$$\sum_{j=1}^{p}(\sum_{i=1}^{n}Z_{ij}Z_{ij'})b_{jk} = \sum_{i=1}^{n}Z_{ij'}f_{ik} \qquad (j'=1,2,\ldots,p) \tag{3-107}$$

となる．Z_{ij}, $Z_{ij'}$ は基準データなので，式(3-78)より，式(3-107)の左辺の係数は，次式のように表すことができる．

$$\sum_{i=1}^{n}Z_{ij}Z_{ij'} = (n-1)r_{jj'} \tag{3-108}$$

一方，右辺は

$$\sum_{i=1}^{n}Z_{ij'}f_{ik} = \sum_{i=1}^{n}(\sum_{k'=1}^{m}a_{j'k'}f_{ik'} + e_{ij'})f_{ik}$$

$$= \sum_{k'=1}^{m}(\sum_{i=1}^{n}f_{ik}f_{ik'})a_{j'k'} + \sum_{i=1}^{n}e_{ij'}f_{ik} \tag{3-109}$$

と表すことができる．3.5.3 項で述べた，因子負荷量を求めるうえでの仮定より，式(3-109)の第 1 項における $\sum_{i=1}^{n}f_{ik}f_{ik'}$ は，$k=k'$ で 1，$k \neq k'$ で 0 となる．これより第 1 項は，

$$\sum_{k'=1}^{m}(\sum_{i=1}^{n}f_{ik}f_{ik'})a_{j'k'} = (n-1)a_{j'k} \tag{3-110}$$

となり，第 2 項は仮定より 0 となる．これより，式(3-107)は

$$\sum_{j=1}^{p}(n-1)r_{jj'}b_{jk} = (n-1)a_{j'k} \tag{3-111}$$

となり，整理すると

$$\sum_{j=1}^{p} r_{jj'} b_{jk} = a_{j'k} (j'=1,2,\ldots,p, \quad k=1,2,\ldots,m) \tag{3-112}$$

となる．したがって，相関行列 $\boldsymbol{R}$ の逆行列 $\boldsymbol{R}^{-1}$ の (j, j') 要素を $r^{jj'}$ と書けば，求める係数は次式のように定義できる．

$$b_{jk} = \sum_{j'=1}^{p} a_{j'k} r^{jj'} \tag{3-113}$$

3.5.7 事例と解析手順

既存の製品に対する消費者のイメージ評価構造を解明し，既存製品のマッピングを行うことは，新たな製品開発を行ううえで重要な足がかりとなる．本事例においては，新しいワイングラスの開発における目標設定のため，イメージ評価構造の抽出および既存のワイングラスのマッピングを試みた．

既存のワイングラス 10 個のサンプルに対する，9 つのイメージ評価項目による官能評価試験を実施し，表 3-22 に示すデータを得た．なお，表 3-22 のデータは，7 段階尺度 SD 法による 40 人分の評価の平均値である．そして，9 つの評価項目を変数とした因子分析を行い，イメージ評価における因子の抽出とサ

表 3-22 因子分析に用いたデータ

	飲みやすい	都会的な	持ちやすい	目新しい	高級感のある	個性的な	カジュアルな	単純な	華奢な
ワイングラス 1	4.275	2.575	3.625	2.725	2.325	2.800	5.725	5.800	1.925
ワイングラス 2	3.600	4.825	3.750	4.425	4.375	4.350	3.250	4.450	5.000
ワイングラス 3	5.700	3.475	5.650	2.425	3.575	2.400	5.625	5.675	2.450
ワイングラス 4	4.350	5.350	4.950	5.800	4.325	6.150	4.375	2.200	4.950
ワイングラス 5	4.725	4.275	3.900	2.800	4.375	2.825	4.675	5.525	4.100
ワイングラス 6	4.725	4.625	5.000	3.550	3.950	3.650	5.125	4.775	3.125
ワイングラス 7	3.825	5.975	3.825	4.825	5.600	5.050	3.700	4.300	5.850
ワイングラス 8	4.125	3.275	3.750	5.025	2.825	5.125	5.200	4.025	2.200
ワイングラス 9	3.475	5.450	5.075	4.725	5.400	4.875	3.975	3.175	5.500
ワイングラス 10	2.975	3.200	2.600	4.300	2.400	4.175	5.350	4.975	2.325

ンプルのマッピングを行った.

(1) 因子分析の実施

多変量解析ソフトを用いて因子分析を行った結果,本事例においては,因子3の固有値までが1を超えており,累積寄与率が94%であったことから,因子数を3とした.因子分析の結果を表3-23に示す.表3-23より,因子軸の回転(バリマックス回転による)を行うことで,各因子の解釈が容易になることが確認できる.

(2) 因子の解釈

表3-23(b)に示す因子負荷量の一覧から,各因子は以下のように解釈され,3種類の因子によるワイングラスのイメージ評価構造を解明することができた.

因子1:「華奢な」,「高級感のある」などに大きく関与することから『品位』を表すと考えられる.

因子2:「個性的な」,「目新しい」などに大きく関与することから『個性』を表すと考えられる.

因子3:「持ちやすい」,「飲みやすい」に大きく関与することから『機能』を表

表3-23 因子分析の結果

(a) 回転前の因子構造

	因子1	因子2	因子3
華奢な	0.913	0.277	-0.294
都会的な	0.907	0.339	-0.119
カジュアルな	-0.854	-0.075	0.375
単純な	-0.838	0.156	-0.475
個性的な	0.832	-0.419	0.344
目新しい	0.820	-0.475	0.311
高級感のある	0.797	0.527	-0.242
持ちやすい	0.148	0.825	0.526
飲みやすい	-0.428	0.697	0.301
固有値	5.292	2.067	1.108
寄与率(%)	59	23	12
累積寄与率(%)	59	82	94

(b) バリマックス回転後の因子構造

		因子1	因子2	因子3
品位	華奢な	0.954	0.293	-0.024
	高級感のある	0.952	0.142	0.213
	都会的な	0.892	0.372	0.132
	カジュアルな	-0.860	-0.290	0.229
個性	個性的な	0.276	0.937	-0.179
	目新しい	0.259	0.932	-0.242
	単純な	-0.334	-0.911	-0.109
機能	持ちやすい	0.221	0.074	0.962
	飲みやすい	-0.161	-0.388	0.763
	固有値	3.680	3.061	1.725
	寄与率(%)	41	34	19
	累積寄与率(%)	41	75	94

※網掛は絶対値が0.5以上

すと考えられる．

(3) サンプルの布置図の作成

各サンプルを，因子得点により布置したものを図 3-13 に示す．図 3-13 より，『品位』に特化したデザインではワイングラス 7 が，『個性』に特化したデザインではワイングラス 4 が，『機能』に特化したデザインではワイングラス 3 がそれぞれ参考になることなどが読み取れる．

以上の解析結果から，抽出されたイメージ評価構造や既存製品の布置図を活用することで，新しいワイングラスの開発における目標設定を行うことができると考えられる．

※注：本事例は，参考文献[9]の内容を一部抜粋・変更のうえ使用．

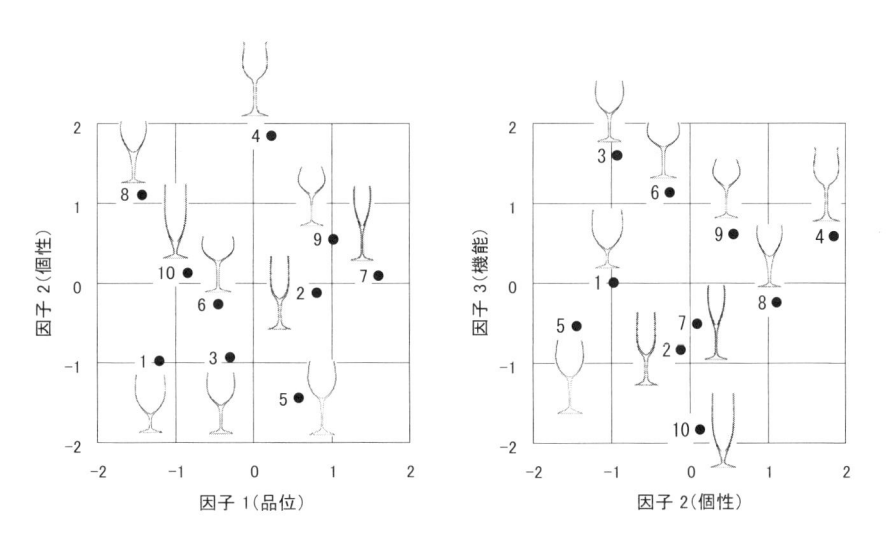

図 3-13　因子得点によるサンプルの布置図

参考文献

(1) 奥野忠一，久米均，芳賀敏郎，吉澤正：『<改訂版>多変量解析法』，日科技連，1984．
(2) 久米均，飯塚悦功；『回帰分析』，岩波書店，1987．
(3) 涌井良幸，涌井貞美：『図解でわかる多変量解析』，日本実業出版社，2001．
(4) 菅民郎：『多変量解析の実践』，現代数学社，1993．

(5) 青木繁伸：『統計学自習ノート』, 群馬大学 WEB, 1996.
http://aoki2.si.gunma-u.ac.jp/lecture/lecind.html
(6) Shimokawa, M., Kawai, K., Matsuoka, Y. : A Vibration Evaluation Model on the Wheelchair Transporting Apparatus, *Proceedings of 2000 FISITA World Automotive Congress*, F2000H254, Published by CD-ROM, 2000.
(7) 青木弘行, 鈴木邁, 松岡由幸：材料の感覚特性と物性値との対応(2)－天然皮革と代替皮革材料の風合いの皮革－, デザイン学研究, no.53, pp.43-48, 1985.
(8) 松岡由幸, 原田利宣：自動車開発プロセスにおけるボトルネック設計要素, デザイン学研究, vol.43, no.5, pp.57-64, 1997.
(9) Matsuoka, Y., Hosoi, A. : Hierarchical Evaluation Model Responding to Nonlinearity, *Science of Design*, vol.48, no.6, pp.57-66, 2002.

第3章 演習問題

問題1

本章で解説した4種類の多変量解析手法のなかから，次の課題を解決するために最も適した手法をそれぞれ選択し，その使用方法の概要を説明しなさい．

(1) ビールの商品企画を担当している．既存商品のテイストに対して20項目の評価による消費者アンケートを行った．アンケート結果から消費者のテイストの傾向を把握し，今後の商品開発の指針を得たい．

(2) 樹脂材料の工程条件を検討している．反応条件である圧力や温度などにより目的反応の発生あり，なしが決定されるようである．これまでの反応試験データから，目的反応の発生あり，なしを予測する数式を求めたい．

(3) ビールの商品企画を担当している．既存商品と新規開発中の商品のテイストに対して消費者アンケートを行った．これまでのインタビューを通じて，消費者のテイストは"コク"と"キレ"という括りで集約されると想定しており，"コク"と"キレ"を軸に既存商品と新規開発中の商品をマッピングしたい．

(4) 車の加速度を予測する式を作成したい．解析にあたり，加速度(m/s^2)，エンジントルク(Nm)，車両質量(N)，ギア比，フリクション(N)，タイヤ荷重半径(m)，空気抵抗係数(Ns^2/m^4)，前面投影面積(m^2)を想定し，30モデルのデータを計測した．

問題2

開発中のエンジンの補機から異音が発生した．関係部品のさまざまな特性を調査した結果，軸受け部の面粗度と異音発生との関連が推定された．そこで，面粗度の異なる軸受けを20個作成して耐久試験を行った結果，下表の結果が得られた．次の手順で，面粗度による異音発生有無に対する相関比を求めなさい．

(1) 全20個の面粗度データの全体平均を求めよ．
(2) 異音無群の面粗度の平均，異音有群の面粗度の平均を求めよ．
(3) 全体平均とそれぞれの平均との差を求めよ．
(4) 群間平方和を求めよ．
(5) 全平方和を求めよ．
(6) 相関比の2乗を求めよ．

面粗度と耐久試験結果

	面粗度(Ra)									
異音無	0.15	0.17	0.19	0.22	0.24	0.26	0.28	0.30	0.32	0.33
異音有	0.40	0.37	0.39	0.40	0.43	0.45	0.48	0.52	0.56	0.58

第3章 演習問題 解答

問題1

(1) 主成分分析 ： 20項目の評価から，相互に相関が強い特性の合成変量を主成分として抽出し，評価項目の特性から主成分の意味解釈を行い，消費者のテイストの傾向を分析する．

(2) 判別分析 ： これまでの量的な反応試験データを説明変数，反応の発生の有無という質的な判別を目的変数として，反応の発生の有無を予測する判別式を作成する．

(3) 因子分析 ： 消費者アンケートの結果から，消費者のテイスト評価の背後に潜む"コク"と"キレ"という2つの因子を抽出して，その2つの因子得点を軸に既存商品と新規開発中の商品をマッピングし，商品開発の指針を得る．

(4) 重回帰分析 ： エンジントルクや車両質量などを説明変数，車の加速度を目的変数として，計測データから車の加速度を予測する重回帰式を作成する．

問題2

(1) 全体平均：0.352

(2) 異音無群の面粗度の平均：0.246，異音有群の面粗度の平均：0.458

(3) 全体平均と異音無群の面粗度の平均との差：0.106
全体平均と異音有群の面粗度の平均との差：-0.106

(4) 群間平方和：$0.106^2 \times$ 異音無群のデータ数 $+ (-0.106)^2 \times$ 異音有群のデータ数 $= 0.225$

(5) 全平方和：0.310

(6) 相関比の2乗：群間平方和/全平方和 $= 0.726$

第4章

実験計画法

　実験計画法は，イギリスのフィッシャーによって開発された，実験の合理化に関する方法論である．その内容は，要因の影響度を定量化するデータ解析法である分散分析と，複数要因を効率的に評価する実験組合せ法である直交表により構成される．本章では，分散分析と直交表を中心に，実験計画法の実施手順と各ステップのポイントについて，実際のデータを用いて説明する．

記号表

$A, B, C, \ldots$	:	因子名
$A_i, B_j, \ldots$	:	因子 A の第 i 水準，因子 B の第 j 水準の水準和
$\overline{A}_i, \overline{A}_j, \ldots$	:	因子 A の第 i 水準，因子 B の第 j 水準の水準別平均
CF	:	修正項
f_k	:	因子 k の自由度
F_k	:	因子 k の誤差分散に対する分散比
r_k	:	因子 k の水準内の繰返し数
S_e	:	誤差変動
S_k	:	因子 k の変動
S_m	:	一般平均の変動
S_T	:	全変動
S'_e	:	誤差の純変動
S'_k	:	因子 k の純変動
T	:	データの総和
$\overline{T}$	:	データの総平均
V_e	:	誤差分散
V_k	:	因子 k の分散
ρ_k	:	因子 k の寄与率

4. 実験計画法

本章では，実験計画法の基本的な考え方と，手法の中心となる分散分析と直交表について説明する．

4.1 実験計画法の概要

実験計画法（design of experiment）とは，イギリスのフィッシャー（R.A. Fisher, 1890-1962）によって開発された実験の合理化に関する方法論である．その目的を一言で表現すれば，「ある現象を引き起こす要因の影響度合いを定量化すること」である．物理学における因果律の概念によれば，全ての現象には，その現象を引き起こす原因が存在している．実験計画法は，この概念に基づき，あらゆる現象の背後にある因果関係に着目し，結果系に対する原因系の影響度を定量化するための手法である．たとえば，果実栽培において，甘い果実を収穫するには，日照条件，土壌の質，水やりや施肥の回数など，さまざまな要因を管理しなければならない．甘い果実の収穫という結果系に対して，個々の原因系の効果を定量化できれば，結実という現象を解明し，さらには，原因系に変化を与え，より甘い果実を生産することが可能になる．

本章では，対象とする現象の因果関係において，結果系を**目的特性**（response），原因系を**要因**（source）と呼ぶ．また，実験に取り上げた要因を**因子**（factor）と呼び，因子の設定条件を**水準**（level）と呼ぶ．たとえば，果実の甘さの評価に糖度という特性を取り上げ，糖度に対する要因の影響度を定量化する実験では，目的特性は糖度になる．そして，糖度に影響する要因には，日照条件，土壌の質，水やり，施肥回数などが考えられる．これらの要因から，土壌の質と施肥回数を因子に取り上げた場合，土壌の質の水準には，酸性，アルカリ性，中性などの種類が考えられ，施肥回数の水準には，2回，3回，4回などの回数が考えられる．ここで，前者のように質的な水準を持つ因子を**質的因子**

（qualitative factor），後者のように量的な水準を持つ因子を**量的因子**（quantitative factor）と呼ぶ．

　実験計画法では，これらの因子の効果を定量化するために，**分散分析**（analysis of variance）と呼ばれる手法を利用する．分散分析とは，線形仮定，誤差の正規性，不偏性，等分散性，および独立性を前提条件として，因子の水準変化に対する目的特性の変化を統計的に分析する手法である．具体的には，因子の水準変化による目的特性の変化と実験誤差による目的特性の変化を分散という統計量で表し，その比率の大小で，目的特性の変化に対する因子の有意性を検定する．したがって，分散分析を理解するには，分散の比率の有意性を検定する F 検定（第2章参照）の知識が必要になる．さらに，分散分析では，F 検定による有意か否かの2値的な判断だけではなく，各因子の影響度を寄与率という統計量で数値化し，効果の大きさを定量化する．このため，寄与率という統計量に関する知識も必要になる．

　また，実験計画法では，評価したい因子が2～3因子の場合には，一般に，全ての水準組合せで実験を行い，分散分析を行うが，評価したい因子が4因子以上になると，実験数が膨大になるという問題が生じる．このような場合，実験計画法では，**直交表**（orthogonal array）と呼ばれる実験の配列表を利用し，実験の組合せを決定する．直交表を利用すれば，各因子の直交性（ある因子が他の因子の効果測定に影響を及ぼさない性質）を確保したうえで，実験数を大幅に削減することが可能になる．

　このように，実験計画法は，「ある現象を引き起こす要因の影響度合いを効率的に定量化する」ための実験技術の体系であり，評価効率や実験効率向上のために，分散分析や直交表を活用する．次節以降では，分散分析と直交表について説明する．なお，分散分析や直交表について，より詳しく知りたい場合は，参考文献[1]～[3]を参照されたい．

4.2　分散分析

　本節では，分散分析の概要と実施手順について説明する．

4.2.1 分散分析の概要

分散分析では，因子の水準を意図的に変更した実験データを分析の対象にする．そして，得られたデータのばらつきが，取り上げた因子の水準変化に起因するのか，偶発的な誤差の範囲内であるのかを判断する．そのために，データの**変動**（sum of squares）を因子の水準変化による変動とその他の偶発的な要因による変動に分解し，両者の比較から因子の有意性を検定する．ここで，変動とは，あるデータ群の規定値からのばらつきの大きさを表す統計量であり，規定値からの偏差自乗和で計算する．規定値とは，多くの場合，全データの平均値である．

たとえば，有名な国際英語テストのスコアを性別に 5 人ずつ無作為抽出した結果を表 4-1 の (a) に示す．ここに示した全 10 人のデータの合計 T と平均 m は次式のように計算できる．

$$T = 625 + 470 + \cdots + 580 = 5750 \tag{4-1}$$

$$m = 5750 \times \frac{1}{10} = 575 \tag{4-2}$$

これより，10 人のスコアの平均値 m からの偏差は表 4-1 の (b) のようになる．

さらに，10 人のスコアのばらつきの大きさは，表 4-1 の (b) に示した偏差データの自乗和（偏差自乗和）として，次式で計算できる．

$$S_T = 50^2 + (-105)^2 + \cdots + 5^2 = 33250 \tag{4-3}$$

こうして求めた全データの偏差自乗和を**全変動**（total sum of squares）と呼ぶ．ここで，S は偏差自乗和を意味する英語 Sum of Squares の頭文字で，変動を意味する．また，添え字の T は変動が全変動であることを意味する．

データの全変動 33250 は，10 人のスコアの平均値に対する変動である．この全変動に占める変動要因として，1 つには男女間の性差が考えられる．また，男性，女性それぞれのなかでもスコアがばらついているため，性差以外の変動

表 4-1 英語テストのスコア

(a) スコアの素データ

男性	625	470	550	565	600
女性	555	620	680	505	580

(b) スコアの平均値からの偏差データ

男性	50	−105	−25	−10	25
女性	−20	45	105	−70	5

要因があることも明らかである．たとえば，海外滞在経験の有無や，文系，理系などの個人差が考えられる．分散分析は，式 (4-3) のように算出したデータの全変動を，さまざまな要因系の変動に分解し，個々の影響度を定量化するための手法である．

ただし，全変動を個々の要因の変動に分解するには，各要因が互いに直交した実験計画を立てる必要がある．ここで，要因どうしが直交する実験とは，本節で説明する**多元配置**（full factorial designs）による実験と，次節で説明する直交表による実験である．多元配置実験は，全因子，全水準の組合せを実験する方法であり，2因子の全水準の組合せで実験する場合は，二元配置実験と呼ばれる．因子数が3や4になれば，三元配置実験や四元配置実験も理論的には成立するが，実験数が多くなるという問題があるため，このような場合には直交表を利用することが一般的である．なお，1因子の水準だけを変更した実験は一元配置実験と呼ばれる．

次項以降で，一元配置実験および二元配置実験で得られたデータの分散分析手順について説明する．

4.2.2　一元配置実験における分散分析

一元配置実験は，ある目的特性に対して単一の因子の影響度を調べるための実験である．具体的には，目的特性に影響があると思われる因子を1つ取り上げ，その因子の水準を変更したときの目的特性の変動を計算する．その変動と実験や測定に起因する誤差変動を比較することにより，因子の効果の有意性を判定する．したがって，一元配置実験で得られたデータの分散分析を行うためには，水準ごとに2回以上の繰返し実験を行い，繰返し実験間のデータ差から誤差変動を計算する必要がある．

本項では，自動車用タイヤの制動性能に関する実験を例に，一元配置実験の分散分析について説明する．また，変動の計算式の導き方についても本項で説明する．

(1)　実験データ

自動車用タイヤの制動性能向上を目的として，タイヤ用添加剤Xを新たに開発した．その効果を確認するため，添加剤Xの配合率を0%，2%，4%，6%の

4水準に設定し，4種類のタイヤを試作した．ただし，他の全ての要因は一定の水準に固定した．試作したタイヤをクルマに順次装着し，車速100km/hからフルブレーキングしたときの制動距離を測定した．それらの測定結果を表4-2に示す．この実験は，制動距離という目的特性に対して，添加剤Xという一因子の効果を調べるための実験であり，典型的な一元配置実験である．

表4-2のデータと水準ごとの平均値をプロットすると，図4-1のグラフが得られる．このグラフからは，添加剤Xの配合率に応じて制動距離が減少していく傾向が読み取れる．ただし，繰返しのばらつきも比較的大きいため，添加剤Xの配合率が制動距離の短縮に効果を持つのか，ばらつきの範囲内なのかは判

表4-2 制動距離の実験データ

制動距離(単位:m)

	A:添加剤X配合率			
	A_1:0%	A_2:2%	A_3:4%	A_4:6%
1回目	55.8	55.3	54.6	54.5
2回目	55.3	55.1	54.3	53.6
3回目	56.5	54.5	53.9	54.1
因子A:水準和	167.6	164.9	162.8	162.2
因子A:水準別平均	55.9	55.0	54.3	54.1

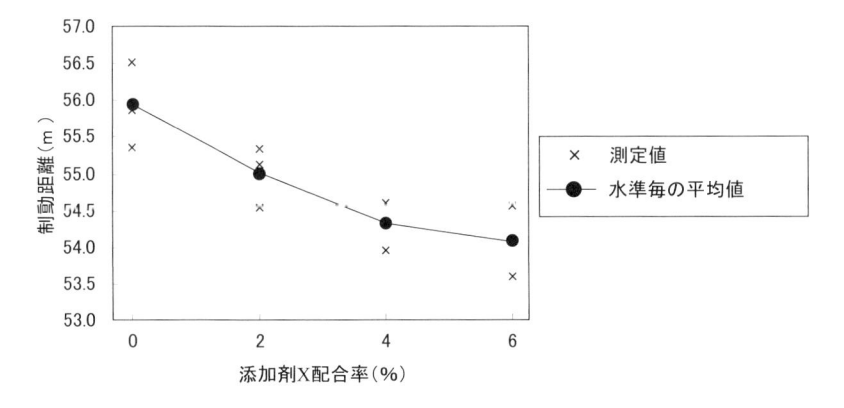

図4-1 添加剤Xの配合率による制動距離の変化

断が難しい.

このようなデータの分析に分散分析を適用すれば,添加剤 X の効果の有意性を統計的に検証できる.分散分析で得られる結果は,判断する人の先入観や価値観に依存しないため,客観性,普遍性を持った意思決定につながる.以下,実際の計算手順に沿って分散分析を説明する.

(2) 変動の分解

添加剤 X を因子 A とし,その効果を定量化するため,全 12 データの変動を以下の変動要因に分解する.

$$S_T = S_A + S_e \tag{4-4}$$

ここで,S_T は全変動を表す.全変動 S_T は平均値からの偏差自乗和で計算されるように,全データの平均値からの変動の大きさである.この全変動 S_T に含まれる変動要因には,因子 A による変動 S_A と因子 A では説明のつかない誤差変動 S_e が考えられる.

全変動 S_T は平均値からの偏差自乗和であるが,一般には,全データの自乗和から平均の大きさを表す修正項 CF を差し引いて計算する.ここで,修正項 CF は,実験に取り上げた因子の効果ではなく,実験中に固定していた要因の平均的な影響度合いに相当する.したがって,あらかじめ全データの自乗和から修正項 CF を除き,残りの変動を分解の対象とする.

一方,目標値や規格値など,ある値からの偏差をデータとした場合には,修正項 CF はその値からの平均的なずれ量に相当する.したがって,平均的なずれ量も要因の 1 つと考え,他の変動要因とともに有意性を検定し,寄与率を求めておく必要がある.このような場合には,修正項 CF を一般平均 S_m と称して,次式のように分解する.

$$S_T' = S_m + S_A + S_e \tag{4-5}$$

ここで,S_T' は全データの自乗和であり,修正項 CF は除いていない.

本事例では,制動距離の平均の大きさを表す修正項 CF は,添加剤 X 以外の固定した要因の効果に相当するため,修正項 CF を全変動から除いた式 (4-4) の分解を用いる.以下,各変動の計算手順を示す.

(a) 修正項 CF

修正項(correction factor)CF は,全データの総和の自乗をデータ数で除し

た値であり，次式により求める．

$$CF = \frac{(55.8+55.3+\cdots+54.1)^2}{12} = \frac{657.5^2}{12} = 36025.52 \quad (f=1) \quad (4\text{-}6)$$

ここで，f は変動の**自由度**（degree of freedom）を表す．自由度とは，変動の計算における独立な自乗の項数であり，変動を自由度で除した統計量を**分散**（variance）という．F 検定には分散を用いるため，変動を計算した際には必ず自由度を求めておく必要がある．

式 (4-6) の修正項 CF の計算では，自乗の項数が 1 のため自由度も 1 になる．

(b) 全変動 S_T

全変動 S_T は，全データの自乗和から修正項 CF を引いた値であり，次式で計算する．

$$\begin{aligned} S_T &= 55.8^2 + 55.3^2 + \cdots + 54.1^2 - 36025.52 \\ &= 36033.21 - 36025.52 = 7.69 \quad (f = 12-1 = 11) \end{aligned} \quad (4\text{-}7)$$

このようにして算出した全変動 S_T には，因子 A による変動 S_A と誤差変動 S_e が含まれる．このため，この両者を分解するために，因子 A による変動 S_A を計算する必要がある．

(c) 因子 A による変動 S_A

まず，全 12 データの総和を T，因子 A の水準ごとの総和を**水準和**（total of each level）A_1, A_2, A_3, A_4 とし，それらの平均を総平均 $\overline{T}$，**水準別平均**（average of each level）$\overline{A_1}, \overline{A_2}, \overline{A_3}, \overline{A_4}$ とする．したがって，今回の実験では，表 4-2 より，$\overline{T} = 54.8$，$\overline{A_1} = 55.9$，$\overline{A_2} = 55.0$，$\overline{A_3} = 54.3$，$\overline{A_4} = 54.1$ となる．

次に，水準別平均の総平均からの偏差，$\hat{a}_1 = (\overline{A_1} - \overline{T})$，$\hat{a}_2 = (\overline{A_2} - \overline{T})$，$\hat{a}_3 = (\overline{A_3} - \overline{T})$，$\hat{a}_4 = (\overline{A_4} - \overline{T})$ は，図 4-2 のように表すことができる．

図 4-2 より，因子 A（添加剤 X）の効果が大きいほど，水準別平均の総平均からの偏差も大きくなることは明らかである．したがって，因子 A の効果の大きさは，この偏差を用いて次式のように表すことができる．

$$(\text{因子 } A \text{ の効果の大きさ}) = (\hat{a}_1)^2 + (\hat{a}_2)^2 + (\hat{a}_3)^2 + (\hat{a}_4)^2 \quad (4\text{-}8)$$

式 (4-8) で偏差を自乗したのは，総平均からの偏差の総和は必ずゼロになるが，自乗することにより偏差の絶対量の大きさを表現できるからである．ここで，式 (4-8) 中の各偏差は，おのおの 3 回の繰返しデータの平均値にな

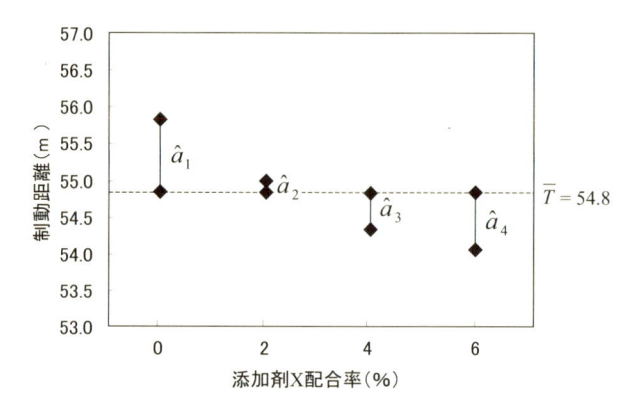

図 4-2　因子 A（添加剤 X）配合率の水準別平均

るため，式 (4-3) の全変動 S_T に占める因子 A の効果の大きさは，式 (4-8) の 3 倍分の寄与を持つと考えなければならない．したがって，因子 A の効果による制動距離の変動の大きさは次式で計算できる．

$$\begin{aligned}
S_A &= 3 \times \left[(\hat{a}_1)^2 + (\hat{a}_2)^2 + (\hat{a}_3)^2 + (\hat{a}_4)^2 \right] \\
&= 3 \times \left[(\overline{A}_1 - \overline{T})^2 + (\overline{A}_2 - \overline{T})^2 + (\overline{A}_3 - \overline{T})^2 + (\overline{A}_4 - \overline{T})^2 \right] \\
&= 3 \times \left[\left(\frac{A_1}{3} - \frac{T}{12} \right)^2 + \left(\frac{A_2}{3} - \frac{T}{12} \right)^2 + \left(\frac{A_3}{3} - \frac{T}{12} \right)^2 + \left(\frac{A_4}{3} - \frac{T}{12} \right)^2 \right] \\
&= 3 \times \left[\frac{A_1^2}{9} - 2 \times \frac{A_1}{3} \times \frac{T}{12} + \left(\frac{T}{12} \right)^2 + \cdots + \frac{A_4^2}{9} - 2 \times \frac{A_4}{3} \times \frac{T}{12} + \left(\frac{T}{12} \right)^2 \right] \\
&= 3 \times \left[\frac{A_1^2 + A_2^2 + A_3^2 + A_4^2}{9} - 2 \times \frac{T}{12} \times \left(\frac{A_1 + A_2 + A_3 + A_4}{3} \right) + 4 \times \left(\frac{T}{12} \right)^2 \right] \\
&= \frac{A_1^2 + A_2^2 + A_3^2 + A_4^2}{3} - 6 \times \frac{T}{12} \times \frac{T}{3} + 12 \times \left(\frac{T}{12} \right)^2 \\
&= \frac{A_1^2 + A_2^2 + A_3^2 + A_4^2}{3} - \frac{T^2}{12} \\
&= \frac{A_1^2 + A_2^2 + A_3^2 + A_4^2}{3} - CF \quad (f = 4 - 1 = 3)
\end{aligned} \tag{4-9}$$

式 (4-9) より，因子 A による変動は，水準和の自乗和を各水準のデータ数である 3 で除し，最後に修正項 CF を引くことにより求めることができる．

また，変動の自由度（変動計算式中の独立な自乗の項数）は，水準数の 4 から一般平均分の自由度 1 を引いた 3 になる．

以上より，水準数を k，各水準におけるデータ数を $r_1, r_2, ..., r_k$ とした場合，ある因子 A の変動の計算式と自由度は，次式のように一般化できる．

$$S_A = \frac{A_1^2}{r_1} + \frac{A_2^2}{r_2} + \cdots + \frac{A_k^2}{r_k} - CF \quad (f = k-1) \tag{4-10}$$

したがって，式 (4-10) に，表 4-2 の水準和と式 (4-6) で求めた修正項 CF の値を代入し，因子 A による変動 S_A を求めると，以下のようになる．

$$\begin{aligned}
S_A &= \frac{A_1^2}{r_1} + \frac{A_2^2}{r_2} + \frac{A_3^2}{r_3} + \frac{A_4^2}{r_4} - CF \\
&= \frac{167.6^2}{3} + \frac{164.9^2}{3} + \frac{162.8^2}{3} + \frac{162.2^2}{3} - 36025.52 \\
&= 36031.48 - 36025.52 \\
&= 5.96 \quad (f = 4-1 = 3)
\end{aligned} \tag{4-11}$$

(d) 誤差変動 S_e

誤差変動 S_e は，式 (4-11) で求めた S_A を式 (4-4) に代入して，次式のように求める．

$$\begin{aligned}
S_e &= S_T - S_A \\
&= 7.69 - 5.96 \\
&= 1.73 \quad (f = 11 - 3 = 8)
\end{aligned} \tag{4-12}$$

以上より，式 (4-4) に示した各変動の大きさは，次式のようになる．

$$\begin{aligned}
S_T &= S_A + S_e \\
&= 5.96 + 1.73
\end{aligned} \tag{4-13}$$

(3) 取り上げた因子の有意性の検定

(2) では，因子 A による変動 S_A と誤差変動 S_e を求めた．ここでは，これらの値を用いて，取り上げた因子の有意性を検定する．

まず，それぞれの変動を自由度で除す．これにより，水準数によって値が変化する性質を持つ変動から，水準数の影響を除くことができる．このように，変動を自由度で除した統計量を分散と呼び，Variance の頭文字をとって V で表す．また，この分散の平方根をとり，元のデータの次元に戻した統計量を**標準**

偏差（standard deviation）と呼ぶ．

以上より，因子 A による分散 V_A と誤差分散 V_e は次式のように求められる．

$$V_A = \frac{S_A}{f_A} = \frac{5.96}{3} = 1.987 \tag{4-14}$$

$$V_e = \frac{S_e}{f_e} = \frac{1.73}{8} = 0.216 \tag{4-15}$$

次に，因子 A による分散 V_A が，製造誤差，実験誤差による誤差分散 V_e に比して十分に大きいかを統計的に検定する．具体的には，分散比 $F = V_A/V_e = 1.987/0.216 = 9.199$ が統計的に有意か否かを，F 検定により判断する．これより，新しく開発したタイヤ用添加剤 X の効果を確認するという技術課題は，上記の統計的な検定問題に帰結したことになる．

分散比の有意性を検定する F 検定の考え方については，第 2 章で説明しているため，ここでは検定の手順について説明する．付録の付表 4 の F 分布表（片側）を見ると，分母の分散の自由度 8，分子の分散の自由度 3 が交錯する欄には，上段（F 分布の 5％点）に 4.07，下段（F 分布の 1％点）に 7.59 の数値が記されている．これに対して，今回求めた分散比 F は 9.199 であり，いずれの数値も上回る．したがって，因子 A の効果は，危険率 1％以下で有意であると判断できる．ここで，**危険率**（risk）とは，取り上げた因子 A の効果が誤差程度であるとした仮説 $V_A = V_e$（統計では帰無仮説と呼ぶ）が正しいにもかかわらず，誤って，その仮説を棄却してしまう確率のことである．言い換えれば，因子 A の効果が誤差程度であるにもかかわらず，効果があると誤判断してしまう確率である．統計解析では，その確率が 1％以下，あるいは 5％以下であれば，因子 A の効果は誤差に比して十分に大きいと考え，危険率を明示したうえで，有意であると判断する．

なお，分散分析における F 検定では，誤差分散の自由度を十分に確保し，検定精度を上げることが重要である．具体的な方法として，多元配置実験，直交表実験では，同一の実験組合せにおける実験の繰返し数で誤差分散の自由度が決まるため，少なくとも 3 回以上の繰返し実験を行う．

(4) 純変動と寄与率の計算

(3)では，因子 A の効果が統計的に有意であることを確認した．製品開発では，

このように有意となった因子の効果の定量化を求められることが多い．ここでは，因子 A の効果の定量化について検討する．

各因子の効果は，**寄与率**（contribution rate）という統計量により定量化する．ここで，寄与率とは，各因子による**純変動**（net sum of squares）が全変動に占める割合である．なお，純変動とは，変動から誤差の影響を除いた純粋な変動である．したがって，因子の効果を定量化するには，純変動および寄与率の算出が必要になる．以下，純変動と寄与率の算出方法について説明する．

(a) 純変動

これまで説明してきた変動には，必ず自由度に応じた誤差成分が含まれている．このことは，(3)において，因子の効果を表す分散 V_A と誤差分散 V_e が同程度であれば，因子 A の効果は無視できると判断したことからもわかる．すなわち，$V_A = V_e$ であれば，$V_A = S_A/f_A$ であるから，$V_A = S_A/f_A = V_e$，つまり $S_A = f_A \times V_e$ となり，仮に，因子 A がまったく効果を持たない因子であったとしても，その変動 S_A には自由度 f_A 分の誤差分散が残ることになる．このように，式 (4-10) で算出した変動には，因子の水準数に応じた誤差分散が含まれている．これは，因子の水準数に応じて実験数や測定数も増加し，誤差成分を取り込む機会が増えていくことによる．

したがって，因子 A の純変動 S'_A は，変動 S_A から自由度 f_A 分の誤差を除いた次式で求めることができる．

$$S'_A = S_A - f_A \times V_e \tag{4-16}$$

実際に，数値を入れて計算すると，次式のようになる．

$$S'_A = S_A - f_A \times V_e = 5.96 - 3 \times 0.216 = 5.312 \tag{4-17}$$

一方，誤差変動 S_e の純変動 S'_e は，

$$S'_e = S_T - S'_A = 7.69 - 5.312 = 2.378 \tag{4-18}$$

として簡便に求められるが，式 (4-16) で S_A から除いた自由度分の誤差を誤差変動 S_e に加えた次式で求めることもできる．

$$S'_e = S_e + f_A \times V_e = 1.73 + 3 \times 0.216 = 2.378 \tag{4-19}$$

(b) 寄与率

算出した純変動 S'_A を用いて寄与率を求める．前述したように，寄与率は全変動に占める純変動の割合であり，次式で求めることができる．

$$\rho_A = \frac{S_A'}{S_T} \times 100 = \frac{5.312}{7.69} \times 100 = 69.1 \; (\%) \tag{4-20}$$

$$\rho_e = \frac{S_e'}{S_T} \times 100 = \frac{2.378}{7.69} \times 100 = 30.9 \; (\%) \tag{4-21}$$

ここで，ρ_A は因子 A の効果の寄与率を表し，ρ_e は誤差変動の寄与率を表す．また，各変動の寄与率の合計は，次式のように必ず 100% になる．

$$\rho_A + \rho_e = 69.1 + 30.9 = 100 \; (\%) \tag{4-22}$$

以上で，分散分析にかかわる計算は全て終了した．計算結果は，表 4-3 に示す分散分析表にまとめる．

表 4-3 より，今回の評価対象である添加剤 X の効果は，統計的には危険率 1% 以下で有意であり，全変動の約 70% を占めることが確認された．また，誤差の寄与率が 30% 程度あることから，タイヤの製造誤差，実験誤差（車速やブレーキタイミングのばらつき），測定誤差など，一定水準に制御することができなかった要因による変動も無視できない．

なお，分散比の数値に付した ** の記号は危険率のレベルを示す．F 検定の結果，有意にならなかった因子は無印，危険率 5% 以下で有意であれば * 印，1% 以下で有意であれば ** 印を付すことが一般的なルールである．

表 4-3 分散分析表

Source (要因)	f (自由度)	S (変動)	V (分散)	F_0 (分散比)	S' (純変動)	ρ (%) (寄与率)
A	3	5.96	1.987	9.199**	5.312	69.1
e	8	1.73	0.216	—	2.378	30.9
T	11	7.69				100.0

4.2.3 二元配置実験における分散分析（繰返しのない場合）

二元配置実験とは，ある目的特性に対して 2 つの因子の効果を調べるための実験である．本項では，繰返しのない二元配置実験における分散分析について，小型直流モータにおける効率評価の実験を例に説明する．

なお，ここでいう繰返しとは，因子の水準組合せが同一な条件のもとで，同

じ特性を複数回測定することを意味する．

(1) 実験データ

電動部品の駆動に使用される小型直流モータの効率に影響する要因を特定するため，A：コアスキュー角，B：マグネット厚さ，の2因子を取り上げて実験を行った．Aのコアスキュー角は$0°, 2°, 4°, 6°$の4水準，Bのマグネット厚さは3mm，4mm，5mmの3水準に設定した．二元配置実験では，2つの因子の水準を組み合わせた全ての条件で実験を行うため，この実験では$4×3=12$仕様のモータを試作し，全12回の実験を行った．実験の結果を表4-4に示す．また，表4-4の実験データから，因子A, Bの水準別平均を計算し，その結果をプロットしたグラフを図4-3に示す．この図は**要因効果図**（response graph）と呼ばれ，

表4-4 モータ効率の実験データ

効率（単位%）

A：コアスキュー角 (°)	B：マグネット厚さ(mm)			因子A 水準和	因子A 水準別 平均
	$B_1: 3$	$B_2: 4$	$B_3: 5$		
$A_1: 0$	63.0	63.8	64.1	190.9	63.6
$A_2: 2$	65.8	64.5	65.2	195.5	65.2
$A_3: 4$	66.7	67.1	67.2	201.0	67.0
$A_4: 6$	67.0	68.2	68.4	203.6	67.9
因子B：水準和	262.5	263.6	264.9	総和	総平均
因子B：水準別平均	65.6	65.9	66.2	791.0	65.9

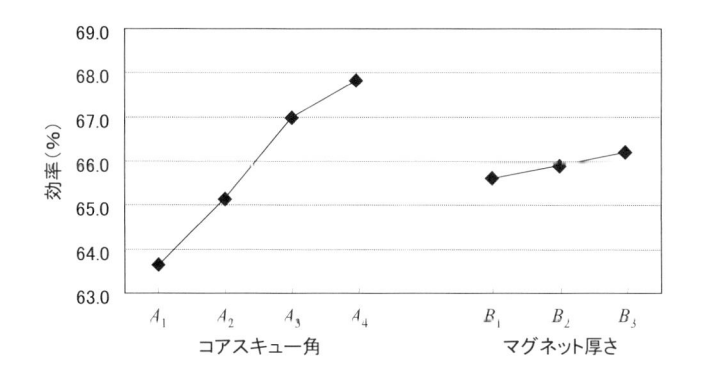

図4-3 因子AおよびBの要因効果図

取り上げた因子の効果の大きさや傾向を可視化し，実験結果を概観するために利用する．

図 4-3 の要因効果図より，モータ効率に対しては，因子 A（コアスキュー角）の効果が大きく，角度を大きくするほど効率は向上している．一方，因子 B（マグネット厚さ）については，効果は小さいものの厚くするほど効率が向上している．

このように，得られたデータをグラフ化し，分析前にデータの傾向を巨視的に把握しておくことは，実験研究においてきわめて重要である．この理由については，4.4.4 項で詳しく述べる．

以下，上記の考察結果を統計的に検証するために，分散分析を実施する．

(2) 変動の分解

二元配置実験の分散分析では，次式のように，データの全変動を因子 A による変動 S_A，因子 B による変動 S_B と誤差変動 S_e に分解し，各変動を計算する．

$$S_T = S_A + S_B + S_e \tag{4-23}$$

まず，修正項 CF を次式で計算する．

$$CF = \frac{(63.0 + 63.8 + \cdots + 68.4)^2}{12} = \frac{791.0^2}{12} = 52140.08 \quad (f = 1) \tag{4-24}$$

次に，今回の分解の対象である全変動 S_T は，全データの自乗和から修正項 CF を除いた次式で求めることができる．

$$\begin{aligned} S_T &= 63.0^2 + 63.8^2 + \cdots + 68.4^2 - 52140.08 \\ &= 52175.12 - 52140.08 = 35.04 \quad (f = 12 - 1 = 11) \end{aligned} \tag{4-25}$$

さらに，因子 A による変動 S_A は，式 (4-10) を用いて次のように求める．

$$\begin{aligned} S_A &= \frac{A_1^2}{r_{A1}} + \frac{A_2^2}{r_{A2}} + \frac{A_3^2}{r_{A3}} + \frac{A_4^2}{r_{A4}} - CF \\ &= \frac{190.9^2}{3} + \frac{195.5^2}{3} + \frac{201.0^2}{3} + \frac{203.6^2}{3} - 52140.08 \\ &= 52172.34 - 52140.08 = 32.26 \quad (f = 3) \end{aligned} \tag{4-26}$$

同様に，因子 B による変動 S_B を次のように求める．

$$S_B = \frac{B_1^2}{r_{B1}} + \frac{B_2^2}{r_{B2}} + \frac{B_3^2}{r_{B3}} - CF$$

$$= \frac{262.5^2}{4} + \frac{263.6^2}{4} + \frac{264.9^2}{4} - 52140.08$$

$$= 52140.81 - 52140.08 = 0.73 \quad (f = 2) \tag{4-27}$$

ここで，$r_{A1}, r_{A2}, ..., r_{B1}, r_{B2}, ...$ は，因子 A，B 各水準でのデータ数を示す．

最後に，誤差変動 S_e を次式で求める．

$$S_e = S_T - S_A - S_B$$

$$= 35.04 - 32.26 - 0.73 = 2.05 \quad (f = 11 - 3 - 2 = 6) \tag{4-28}$$

以上より，式(4-23)に示した各変動の大きさは，次式のようになる．

$$S_T = S_A + S_B + S_e = 32.26 + 0.73 + 2.05 \tag{4-29}$$

(3) 取り上げた因子の有意性の検定

まず，各変動成分をおのおのの自由度で除すことにより分散を計算する．

$$V_A = \frac{S_A}{f_A} = \frac{32.26}{3} = 10.75 \tag{4-30}$$

$$V_B = \frac{S_B}{f_B} = \frac{0.73}{2} = 0.37 \tag{4-31}$$

$$V_e = \frac{S_e}{f_e} = \frac{2.05}{6} = 0.34 \tag{4-32}$$

ここで，各因子による分散 V_A，V_B が，誤差分散 V_e よりも小さい場合には，その因子の効果は誤差程度と考え，因子による変動を誤差変動に**プール**（pool）する必要がある．たとえば，因子 B による分散 V_B が誤差分散 V_e よりも小さい場合，すなわち，分散比が 1 以下になった場合には，誤差変動 S_e に因子 B による変動 S_B を加えた変動を新たに誤差変動 S_e' とし，S_e' を自由度で除した値を新たに誤差分散 V_e' とする．このようにして求めた誤差分散 V_e' を用いて，分散比を計算する．分散比が 1 以下の因子を誤差にプールせず，そのまま分析を進めると，その因子の純変動が負の値となり，各因子の寄与率が計算できなくなるので注意を要する．なお，誤差のプールについては，4.4.4 項で詳しく説明する．

本事例では，因子 B による分散 V_B は，わずかに誤差分散 V_e を上回ったため，誤差にはプールせず，式(4-32)の誤差分散 V_e を用いて，次のように，因子 A

の分散比 F_A と因子 B の分散比 F_B を求める．

$$F_A = \frac{V_A}{V_e} = \frac{10.75}{0.34} = 31.62 \tag{4-33}$$

$$F_B = \frac{V_B}{V_e} = \frac{0.37}{0.34} = 1.09 \tag{4-34}$$

最後に，この分散比を付録の付表 4 の F 分布表（片側）で判定し，各因子の効果の有意性を検定する．

まず，因子 A の分散比は，分子の自由度 3，分母の自由度 6 であり，F 分布表より，1% 有意点は 9.78，5% 有意点は 4.76 になる．これに対して，因子 A の分散比は 31.62 であり，1% 有意点の F 値を上回るため，危険率 1% 以下で有意と判定できる．

次に，因子 B の分散比は，分子の自由度 2，分母の自由度 6 であり，F 分布表より，1% 有意点は 10.92，5% 有意点は 5.14 になる．これに対して，因子 B の分散比は 1.09 であり，5% 有意点の F 値を下回るため，統計的に有意とは判定できない．

以上より，因子 A のコアスキュー角は，モータ効率に大きく影響するが，因子 B のマグネット厚さは，モータ効率には影響しないと判断できる．

(4) 純変動と寄与率の計算

まず，因子 A, B の純変動は，次式のように，それぞれの変動から自由度分の誤差分散を引くことにより求める．

$$S'_A = S_A - f_A \times V_e = 32.26 - 3 \times 0.34 = 31.24 \tag{4-35}$$

$$S'_B = S_B - f_B \times V_e = 0.73 - 2 \times 0.34 = 0.05 \tag{4-36}$$

次に，各変動成分の寄与率は，次式のように，上記純変動を全変動で除し，100 を乗ずることにより求める．

$$\rho_A = \frac{S'_A}{S_T} \times 100 = \frac{31.24}{35.04} \times 100 = 89.16 \ (\%) \tag{4-37}$$

$$\rho_B = \frac{S'_B}{S_T} \times 100 = \frac{0.05}{35.04} \times 100 = 0.14 \ (\%) \tag{4-38}$$

$$\rho_e = 100 - (\rho_A + \rho_B) = 100 - 89.30 = 10.70 \ (\%) \tag{4-39}$$

これにより，今回の実験におけるモータ効率の変動要因の約 90% は，コアス

キュー角の水準変化で説明できることが確認された．一方，マグネット厚さの寄与率は 1%以下であり，影響はきわめて小さい．したがって，モータの効率を向上させるためには，コアスキュー角に着目する必要がある．また，コアスキュー角にもマグネット厚さにもよらない変動成分も 10%強あることがわかる．二元配置実験の場合，この誤差成分には実験誤差や製造誤差の他に因子 A と因子 B の間の交互作用効果が含まれる．交互作用については，次項で詳しく述べることとする．

以上の結果を分散分析表にまとめると，表 4-5 のようになる．

表 4-5 分散分析表

Source (要因)	f (自由度)	S (変動)	V (分散)	F_0 (分散比)	S' (純変動)	$\rho(\%)$ (寄与率)
A	3	32.26	10.75	31.62**	31.24	89.16
B	2	0.73	0.37	1.09	0.05	0.14
e	6	2.05	0.34			10.70
T	11	35.04				100.00

4.2.4 二元配置実験における分散分析（繰返しのある場合）

本項では，繰返しのある二元配置実験における分散分析について，射出成形における部品寸法の実験を例に説明する．

(1) 実験データ

スイッチなどに利用されている樹脂部品では，成形時の反りが問題になることがある．この反りが大きくなると，他部品と勘合したときの内部応力が増大し，使用過程において割れなどの品質問題が発生する．そこで，樹脂部品の反り量に影響する要因を特定するため，A：射出速度，B：金型温度，の 2 因子を取り上げて実験を行った．A の射出速度は 120mm/sec，150mm/sec，180mm/sec の 3 水準，B の金型温度は 30℃，50℃，70℃の 3 水準に設定した．二元配置実験では 2 因子の水準を全て組み合わせた条件で実験するため，この実験では $3 \times 3 = 9$ 条件で部品を成形した．なお，全 9 条件において部品を 2 個ずつ成形することにより，同一成形条件の部品で 2 つの測定データを取得し，繰返しデ

ータとした．この繰返しデータには，成形条件のばらつきや測定条件のばらつきが含まれることになる．これにより，測定データ数は 18 になる．

測定条件の組合せと測定結果を表 4-6 に示す．また，因子 A, B の水準別平均をプロットした要因効果図を図 4-4 に示す．

表 4-6 樹脂部品の反り量に関する実験データ

反り量（単位:mm）

A:射出速度 （mm／sec）	B:金型温度（℃）						因子A 水準和	因子A 水準別 平均
	B_1:30		B_2:50		B_3:70			
A_1:120	3.4	3.8	2.7	2.5	2.1	2.1	16.6	2.77
A_2:150	2.7	3.1	2.4	2.5	2.0	2.3	15.0	2.50
A_3:180	2.5	2.9	2.6	2.3	1.8	2.1	14.2	2.37
因子B:水準和	18.4		15.0		12.4		総和	総平均
因子B:水準別平均	3.07		2.50		2.07		45.8	2.54

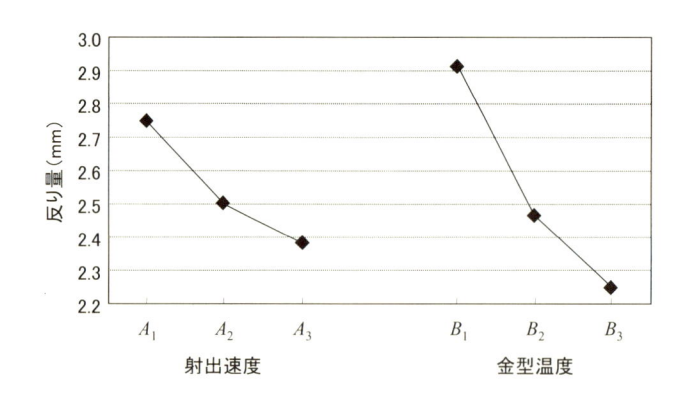

図 4-4 因子 A および B の要因効果図

図 4-4 の要因効果図より，樹脂部品の反り量に対しては，因子 A（射出速度）と因子 B（金型温度）がともに影響していることがわかる．また，因子 A の射出速度を上げ，因子 B の金型温度を高くすることにより，樹脂部品の反り量を抑制できることがわかる．

以下，上記の考察結果を統計的に検証し，効果の大きさを定量化するために，

(2) 変動の分解

二元配置実験の分散分析では，データの全変動 S_T を因子 A による変動 S_A，因子 B による変動 S_B，誤差変動 S_e に分解するが，繰返しデータがある場合は，因子 A と因子 B の**交互作用**（interaction）による変動 $S_{A\times B}$ を求めることができる．したがって，全変動を下式のように分解する．

$$S_T = S_A + S_B + S_{A\times B} + S_e \tag{4-40}$$

ここで，因子 A と因子 B の交互作用とは，因子 A と因子 B の組合せ効果のことである．たとえば，樹脂部品の反りの問題において，射出速度が高いときには金型温度は低いほうが良く，射出速度が低いときには金型温度は高いほうが良い場合，因子 A と因子 B には交互作用があるという．一方，射出速度の高低にかかわらず，常に金型温度は高い（あるいは低い）ほうが良い場合，因子 A と因子 B の交互作用はない（あるいは小さい）ことになる．

以下，各変動成分を計算する．

まず，修正項 CF を次式で計算する．

$$CF = \frac{(3.4+3.8+\cdots+2.1)^2}{18} = \frac{45.8^2}{18} = 116.54 \quad (f=1) \tag{4-41}$$

次に，今回の分解対象である全変動 S_T は，全データの自乗和から修正項 CF を除いた次式で求めることができる．

$$\begin{aligned} S_T &= 3.4^2 + 3.8^2 + \cdots + 2.1^2 - 116.54 \\ &= 120.92 - 116.54 = 4.38 \quad (f=18-1=17) \end{aligned} \tag{4-42}$$

さらに，因子 A による変動 S_A は，式 (4-10) を用いて次のように求める．

$$\begin{aligned} S_A &= \frac{A_1^2}{r_{A1}} + \frac{A_2^2}{r_{A2}} + \frac{A_3^2}{r_{A3}} - CF \\ &= \frac{16.6^2}{6} + \frac{15.0^2}{6} + \frac{14.2^2}{6} - 116.54 \\ &= 117.03 - 116.54 = 0.49 \quad (f=2) \end{aligned} \tag{4-43}$$

同様に，因子 B による変動 S_B を次のように求める．

$$S_B = \frac{B_1^2}{r_{B1}} + \frac{B_2^2}{r_{B2}} + \frac{B_3^2}{r_{B3}} - CF$$

$$= \frac{18.4^2}{6} + \frac{15.0^2}{6} + \frac{12.4^2}{6} - 116.54$$

$$= 119.55 - 116.54 = 3.01 \quad (f = 2) \tag{4-44}$$

ここで，$r_{A1}, r_{A2}, \ldots, r_{B1}, r_{B2}, \ldots$ は，因子 A，B 各水準でのデータ数を示す．
さらに，因子 A と因子 B の交互作用による変動 $S_{A \times B}$ を次式で求める．

$$S_{A \times B} = \frac{(A_1 B_1)^2}{r_{A1B1}} + \frac{(A_1 B_2)^2}{r_{A1B2}} + \cdots + \frac{(A_3 B_3)^2}{r_{A3B3}} - S_A - S_B - CF$$

$$= \frac{7.2^2}{2} + \frac{5.2^2}{2} + \cdots + \frac{3.9^2}{2} - 0.49 - 3.01 - 116.54$$

$$= 120.52 - 0.49 - 3.01 - 116.54 = 0.48 \quad (f = 4) \tag{4-45}$$

式 (4-45) からわかるように，2因子間の交互作用の変動は，因子 A と因子 B の各水準組合せにおける水準和 $A_i B_j$（i：因子 A の水準，j：因子 B の水準）の自乗を各組合せの繰返し数 r_{AiBj} で除し，それらの総和から，因子 A による変動，因子 B による変動と修正項 CF を引くことにより求める．すなわち，因子 A と因子 B に起因する変動から，因子 A と因子 B の単独の効果を除いた残りの変動が，因子 A と因子 B の交互作用による変動である．

最後に，誤差変動 S_e を次式で求める．

$$S_e = S_T - S_A - S_B - S_{A \times B}$$

$$= 4.38 - 0.49 - 3.01 - 0.48 = 0.40 \quad (f = 17 - 2 - 2 - 4 = 9) \tag{4-46}$$

以上より，式 (4-40) に示した各変動の大きさは，次式のようになる．

$$S_T = S_A + S_B + S_{A \times B} + S_e = 0.49 + 3.01 + 0.48 + 0.40 \tag{4-47}$$

(3) 取り上げた因子の有意性の検定

まず，各変動成分をおのおのの自由度で除すことにより分散を計算する．

$$V_A = \frac{S_A}{f_A} = \frac{0.49}{2} = 0.245 \tag{4-48}$$

$$V_B = \frac{S_B}{f_B} = \frac{3.01}{2} = 1.505 \tag{4-49}$$

$$V_{A\times B} = \frac{S_{A\times B}}{f_{A\times B}} = \frac{0.48}{4} = 0.120 \tag{4-50}$$

$$V_e = \frac{S_e}{f_e} = \frac{0.40}{9} = 0.044 \tag{4-51}$$

ここで，各変動要因による分散は誤差分散 V_e よりも大きな値となっており，この段階で誤差程度とみなせる要因はない．したがって，誤差へのプールは行わず，以降の分析を進める．

次に，誤差分散 V_e に対する各変動要因の分散比 F を次式のように求める．

$$F_A = \frac{V_A}{V_e} = \frac{0.245}{0.044} = 5.57 \tag{4-52}$$

$$F_B = \frac{V_B}{V_e} = \frac{1.505}{0.044} = 34.20 \tag{4-53}$$

$$F_{A\times B} = \frac{V_{A\times B}}{V_e} = \frac{0.120}{0.044} = 2.73 \tag{4-54}$$

最後に，この分散比を付録の付表 4 の F 分布表（片側）で判定し，各因子の効果の有意性を検定する．

まず，因子 A，B の分散比は，ともに，分子の自由度 2，分母の自由度 9 であり，F 分布表より，1%有意点は 8.02，5%有意点は 4.26 になる．これに対して，因子 A の分散比は 5.57 であり，1%有意点の F 値は下回るが，5%有意点の F 値を上回るため，危険率 5%以下で有意と判定できる．一方，因子 B の分散比は 34.20 であり，1%有意点の F 値を上回るため，危険率 1%以下で有意と判定できる．

次に，因子 A，B の交互作用効果の分散比は，分子の自由度 4，分母の自由度 9 であり，F 分布表より，1%有意点は 6.42，5%有意点は 3.63 になる．これに対して，因子 A，B の交互作用効果の分散比は 2.73 であり，5%有意点の F 値を下回るため，統計的に有意ではない．

以上より，因子 A の射出速度は危険率 1%で有意，因子 B の金型温度は危険率 5%で有意となり，樹脂部品の反り量に与える影響は無視できないことがわかった．一方，因子 A，B の交互作用効果は小さいと判断できる．このことは，樹脂部品の反り量は，因子 A：射出速度と，因子 B：金型温度の単独の効果で

説明可能であり，今回実験した水準の範囲では，組合せの効果は考えなくてもよいことを示している．

(4) 純変動と寄与率の計算

まず，因子 A, B とその交互作用 $A \times B$ の純変動は，次式のように，おのおのの変動から自由度分の誤差分散を引くことにより求める．

$$S'_A = S_A - f_A \times V_e = 0.49 - 2 \times 0.044 = 0.40 \tag{4-55}$$

$$S'_B = S_B - f_B \times V_e = 3.01 - 2 \times 0.044 = 2.92 \tag{4-56}$$

$$S'_{A \times B} = S_{A \times B} - f_{A \times B} \times V_e = 0.48 - 4 \times 0.044 = 0.30 \tag{4-57}$$

次に，各変動成分の寄与率（%）は，次式のように，上記純変動を全変動で除して，100 を乗ずることにより求める．

$$\rho_A = \frac{S'_A}{S_T} \times 100 = \frac{0.40}{4.38} \times 100 = 9.13 \ (\%) \tag{4-58}$$

$$\rho_B = \frac{S'_B}{S_T} \times 100 = \frac{2.92}{4.38} \times 100 = 66.67 \ (\%) \tag{4-59}$$

$$\rho_{A \times B} = \frac{S'_{A \times B}}{S_T} \times 100 = \frac{0.30}{4.38} \times 100 = 6.85 \ (\%) \tag{4-60}$$

$$\rho_e = 100 - (\rho_A + \rho_B + \rho_{A \times B}) = 100 - 82.65 = 17.35 \ (\%) \tag{4-61}$$

これにより，今回の実験においては，樹脂部品の反り量に対する変動要因の約 67% は，因子 B：金型温度の水準変化で説明できることが確認できた．一方，因子 A：射出速度の寄与率は 10% 程度である．また，因子 A と因子 B の交互作用効果の寄与率は約 7% であり，影響は小さい．したがって，樹脂部品の反りを改善するには，金型温度に関する詳細の検討が不可欠である．また，射出速度にも金型温度にもよらない変動成分が 20% 弱あることから，成形時の条件設定ばらつきや測定ばらつきなどの影響も無視できない．

以上の結果を分散分析表にまとめると，表 4-7 のようになる．

4.3 直交表

本節では，直交表の基本構成や使用方法，さらには使用時の注意事項と簡単なわりつけ技法について説明する．

表 4-7　分散分析表

Source (要因)	f (自由度)	S (変動)	V (分散)	F_0 (分散比)	S' (純変動)	ρ (%) (寄与率)
A	2	0.49	0.245	5.57 *	0.40	9.13
B	2	3.01	1.505	34.20 **	2.92	66.67
$A \times B$	4	0.48	0.120	2.73	0.30	6.85
e	9	0.40	0.044			17.35
T	17	4.38				100.00

4.3.1　直交表の概要

多元配置実験では，全因子，全水準の組合せで実験を行うため，因子や水準が多いと，実験数が膨大になってしまう．一方，直交表実験では，各因子が直交するように水準が配列されている直交表を利用し，一部の水準の組合せで実験を行う．これにより，実験数の大幅な削減が可能になる．たとえば，2水準の7因子に対する多元配置実験では，$2^7=128$ 回の実験が必要になるが，L_8 と呼ばれる直交表を利用すれば，わずか8回の実験で7因子の要因効果を定量化することができる．

直交表にはさまざまな種類があるが，ここでは，表4-8に示す直交表 L_8 を例に，直交表の基本構成を説明する．直交表は列番，No.（実験番号）と水準配列から構成されており，列には取り上げた因子をわりつける．わりつけとは，因子を直交表の列に対応させることであり，7列を有する直交表 L_8 には7因子を

表 4-8　直交表 L_8

$L_8(2^7)$

No. \ 列番	1	2	3	4	5	6	7
1	1	1	1	1	1	1	1
2	1	1	1	2	2	2	2
3	1	2	2	1	1	2	2
4	1	2	2	2	2	1	1
5	2	1	2	1	2	1	2
6	2	1	2	2	1	2	1
7	2	2	1	1	2	2	1
8	2	2	1	2	1	1	2

わりつけることができる．また，表中の 1,2 の数字は，わりつけた因子の水準配列を示す．たとえば，1 列目に因子 A をわりつけた場合，No.1,2,3,4 の 4 条件は第 1 水準，No.5,6,7,8 の 4 条件は第 2 水準になる．このように表中の数字が"1"と"2"の 2 水準で構成される直交表を 2 水準系直交表と呼ぶ．ここで，行の No.（実験番号）は総実験数を表し，直交表 L_8 では計 8 回の実験を行う．

2 水準系直交表には，L_8 の他に L_{12}，L_{16} などがある．また，表中の数字が"1"，"2"，"3"の 3 水準で構成される 3 水準系直交表には，L_9 や L_{27} などがある．さらに，2 水準と 3 水準の列が混在する直交表には，L_{18} や L_{36} などがある．実験に際しては，評価したい因子数や水準数に応じて，これらの直交表から適切なものを選定する．なお，上記の直交表は，全て巻末の付録に掲載したので参考にされたい．

ここで，直交表を記号で表したときの L に添えられた数字の意味を，図 4-5 に示す．

以下，図 4-5 に示した記号について，実際の直交表を例に説明する．

まず，表 4-9 に示した直交表 $L_9(3^4)$ は，3 水準系では最も小さい直交表であり，3 水準の因子を最大 4 因子までわりつけることができる．実験数は，No.1 から No.9 までの 9 回である．

また，表 4-10 に示した直交表 $L_{18}(2^1 \times 3^7)$ には，2 水準の列と 3 水準の列があり，第 1 列には 2 水準の因子，第 2 列から第 8 列には 3 水準の因子を最大 7 因子までわりつけることができる．実験数は No.1 から No.18 までの 18 回である．

次に，直交表の性質について説明する．直交表には，任意の 2 列において列

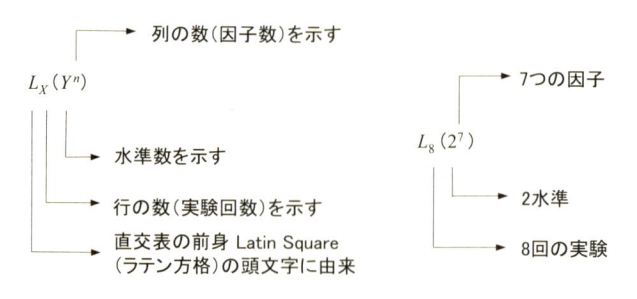

$L_X(Y^n)$
→ 列の数（因子数）を示す
→ 水準数を示す
→ 行の数（実験回数）を示す
→ 直交表の前身 Latin Square（ラテン方格）の頭文字に由来

$L_8(2^7)$
→ 7つの因子
→ 2水準
→ 8回の実験

図 4-5　直交表における記号の見方

表 4-9　直交表 L_9

$L_9(3^4)$

No.＼列番	1	2	3	4
1	1	1	1	1
2	1	2	2	2
3	1	3	3	3
4	2	1	2	3
5	2	2	3	1
6	2	3	1	2
7	3	1	3	2
8	3	2	1	3
9	3	3	2	1

表 4-10　直交表 L_{18}

$L_{18}(2^1 \times 3^7)$

No.＼列番	1	2	3	4	5	6	7	8
1	1	1	1	1	1	1	1	1
2	1	1	2	2	2	2	2	2
3	1	1	3	3	3	3	3	3
4	1	2	1	1	2	2	3	3
5	1	2	2	2	3	3	1	1
6	1	2	3	3	1	1	2	2
7	1	3	1	2	1	3	2	3
8	1	3	2	3	2	1	3	1
9	1	3	3	1	3	2	1	2
10	2	1	1	3	3	2	2	1
11	2	1	2	1	1	3	3	2
12	2	1	3	2	2	1	1	3
13	2	2	1	2	3	1	3	2
14	2	2	2	3	1	2	1	3
15	2	2	3	1	2	3	2	1
16	2	3	1	3	2	3	1	2
17	2	3	2	1	3	1	2	3
18	2	3	3	2	1	2	3	1

内の全ての水準組合せが同数回ずつ現われるという性質がある．この性質について，表 4-10 の直交表 L_{18} を例に説明する．

図 4-6 に示したように，直交表 L_{18} では，2 水準の第 1 列と 3 水準の任意の列（たとえば第 2 列）において，(1, 1), (1, 2), (1, 3), (2, 1), (2, 2), (2, 3) の組合せが必ず 3 回ずつ現われる．また，3 水準の任意の 2 列（たとえば第 3 列と第 4 列）では，(1, 1), (1, 2), (1, 3), (2, 1), (2, 2), (2, 3), (3, 1), (3, 2), (3, 3) の組合せが必ず 2 回ずつ現われる．直交表によって，水準の組合せや出現回数こそ異なるが，この基本原則は不変であり，この原則をもとに構成された表が直交表である．

4.3.2　直交の概念と要因配置における直交

本項では，ベクトルにおける直交の概念と，その概念を応用した要因配置の考え方について説明する．

列番 No.	①	②	3 ・・・
1	1	1	⎫
2	1	1	⎬ 3回ずつ
3	1	1	⎭
4	1	2	⎫
5	1	2	⎬ 3回ずつ
6	1	2	⎭
7	1	3	⎫
8	1	3	⎬ 3回ずつ
9	1	3	⎭
10	2	1	⎫
11	2	1	⎬ 3回ずつ
12	2	1	⎭
13	2	2	⎫
14	2	2	⎬ 3回ずつ
15	2	2	⎭
16	2	3	⎫
17	2	3	⎬ 3回ずつ
18	2	3	⎭

列番 No.	1	2	③	④	5 ・・・	組合せ
1			1	1		(1 1) 2回ずつ
2			2	2		
3			3	3		(1 2) 2回ずつ
4			1	1		
5			2	2		(1 3) 2回ずつ
6			3	3		
7			1	2		(2 1) 2回ずつ
8			2	3		
9			3	1		(2 2) 2回ずつ
10			1	3		
11			2	1		(2 3) 2回ずつ
12			3	2		
13			1	2		(3 1) 2回ずつ
14			2	3		
15			3	1		(3 2) 2回ずつ
16			1	3		
17			2	1		(3 3) 2回ずつ
18			3	2		

図 4-6　直交表 L_{18} の構成

(1) ベクトルにおける直交の概念

2次元平面で考えた場合，2つのベクトル A と B における直交の関係とは，図 4-7 に示したように，2つのベクトルが直角に交差する関係のことである．直角に交差した場合，A に対する B の射影も，B に対する A の射影もゼロとなり，A と B は互いに独立な関係になる．

また，n 次元のベクトルである A と B が直交する場合，その成分を A $(a_1, a_2, \ldots, a_n)$, B $(b_1, b_2, \ldots, b_n)$ とすると，A と B の内積はゼロ，すなわち，$a_1b_1 + a_2b_2 + \cdots + a_nb_n = 0$ が成立する．このような直交の概念が，多元配置実験や直交表実験の水準配列にも応用されている．

(2) 要因配置における直交

要因配置における直交とは，実験の組合せにおいて，任意の2因子の水準組合せに着目したとき，一方の因子の各水準に対して，他方の因子の全ての水準が同数回ずつ組み合わされている状態をいう．この関係が成立していれば，一方の因子の効果測定に，他方の因子の効果が影響を及ぼさなくなる．このような性質を持つ実験方法は，多元配置実験と直交表実験だけである．

$A(a_1, a_2, \ldots, a_n)$

$B(b_1, b_2, \ldots, b_n)$

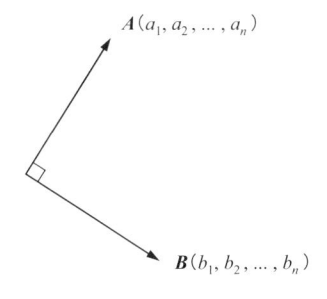

図 4-7 ベクトルの直交

(a) 多元配置における直交

2つの因子 A, B があって，ともに 2 水準のとき，A と B の全水準の組合せ（二元配置）は，表 4-11 に示すとおり，A_1B_1, A_1B_2, A_2B_1, A_2B_2 の 4 通りである．ここで，A の第 1 水準と第 2 水準には，B の第 1 水準と第 2 水準が各 1 回ずつ組み合わされている．また，B の第 1 水準と第 2 水準から見ても，A の第 1 水準と第 2 水準が各 1 回ずつ組み合わされている．したがって，A と B の要因配置は直交関係にある．

A と B の直交関係は，表 4-11 の係数表に示したように，A と B の第 1 水準に 1，第 2 水準に-1 の係数を対応させ，A と B の水準配列をベクトル $A(1,1,-1,-1)$ とベクトル $B(1,-1,1,-1)$ に見立てたとき，内積が

$$1\times1+1\times(-1)+(-1)\times1+(-1)\times(-1) = 0$$

となり，ベクトルが直交していることからも確認できる．このように，多元配置では，要因配置における直交関係が常に成立している．

表 4-11 二元配置とその係数表

(a) 二元配置

	A	B
1	A_1	B_1
2	A_1	B_2
3	A_2	B_1
4	A_2	B_2

(b) 係数表

	A	B
1	1	1
2	1	-1
3	-1	1
4	-1	-1

(b) 直交表における直交

取り上げた全因子，全水準の組合せで実験を行う多元配置実験に対して，直交表実験では一部の水準組合せで実験を行う．この直交表実験においても，因子間の直交関係が成立している．

前述したように，直交表の水準配列には，どの列においても，水準を示す数字が同数回ずつ現われ，いかなる2列の組合せにおいても，一方の列の各水準に対して，他方の列の全水準が同数回ずつ組み合わされるという性質がある．たとえば，表4-12の(a)に示した直交表 L_{18} では，2水準の第1列には，1,2が各9回ずつ出現し，3水準の第2〜8列ではどの列においても，1,2,3が各6回ずつ出現する．また，2水準の第1列と3水準の任意の列を組み合わせると，(1, 1), (1, 2), (1, 3), (2, 1), (2, 2), (2, 3)の組合せが各3回ずつ現われる．同様に，3水準の任意の2列を組み合わせると，(1, 1), (1, 2), (1, 3), (2, 1), (2, 2), (2, 3), (3, 1), (3, 2), (3, 3)の組合せが各2回ずつ現われる．このことから，直交表 L_{18} にわりつけられた各因子は直交していることがわかる．この関係は，表4-12の(b)に示したように，直交表 L_{18} の第1列の第1水準に1，第2水準に-1の係数を対応させ，第2列から第8列の第1水準に1，第2水準に0，第3水準に-1の係数を対応させる

表4-12 直交表 L_{18} とその係数表

(a) 直交表 L_{18}

列番 No.	1	2	3	4	5	6	7	8
1	1	1	1	1	1	1	1	1
2	1	1	2	2	2	2	2	2
3	1	1	3	3	3	3	3	3
4	1	2	1	1	2	2	3	3
5	1	2	2	2	3	3	1	1
6	1	2	3	3	1	1	2	2
7	1	3	1	2	1	3	2	3
8	1	3	2	3	2	1	3	1
9	1	3	3	1	3	2	1	2
10	2	1	1	3	3	2	2	1
11	2	1	2	1	1	3	3	2
12	2	1	3	2	2	1	1	3
13	2	2	1	2	3	1	3	2
14	2	2	2	3	1	2	1	3
15	2	2	3	1	2	3	2	1
16	2	3	1	3	2	3	1	2
17	2	3	2	1	3	1	2	3
18	2	3	3	2	1	2	3	1

(b) 係数表

列番 No.	1	2	3	4	5	6	7	8
1	1	1	1	1	1	1	1	1
2	1	1	0	0	0	0	0	0
3	1	1	-1	-1	-1	-1	-1	-1
4	1	0	1	1	0	0	-1	-1
5	1	0	0	0	-1	-1	1	1
6	1	0	-1	-1	1	1	0	0
7	1	-1	1	0	1	-1	0	-1
8	1	-1	0	-1	0	1	-1	1
9	1	-1	-1	1	-1	0	1	0
10	-1	1	1	-1	-1	0	0	1
11	-1	1	0	1	1	-1	-1	0
12	-1	1	-1	0	0	1	1	-1
13	-1	0	1	0	-1	1	-1	0
14	-1	0	0	-1	1	0	1	-1
15	-1	0	-1	1	0	-1	0	1
16	-1	-1	1	-1	0	-1	1	0
17	-1	-1	0	1	-1	1	0	-1
18	-1	-1	-1	0	1	0	-1	1

と，任意の2列においてベクトルの積和がゼロになることからも確認できる．

たとえば，表4-12の直交表 L_{18} において，2水準の第1列と3水準の第8列の間での係数の積和は，

1×1+1×0+1×(-1)+1×(-1)+1×1+1×0+1×(-1)+1×1+1×0+(-1)×1+(-1)×0

+(-1)×(-1)+(-1)×0+(-1)×(-1)+(-1)×1+(-1)×0+(-1)×(-1)+(-1)×1 = 0

となる．また，3水準の第2列と第3列の間での係数の積和は，

1×1+1×0+1×(-1)+0×1+0×0+0×(-1)+(-1)×1+(-1)×0+(-1)×(-1)+1×1

+1×0+1×(-1)+0×1+0×0+0×(-1)+(-1)×1+(-1)×0+(-1)×(-1) = 0

となる．このように，直交表の列間の水準配列には，ベクトルの直交と同様の関係が成立しており，全ての列間において直交関係が成立している．このような関係は，L_{18} に限らず，全ての直交表に共通の性質である．

4.3.3 水準和，水準別平均の計算と要因効果図の作成

本項では，まず，直交表実験で得られたデータの水準別平均から各因子の要因効果が求められる理由について説明し，次に，直交表にわりつけた因子の水準和，水準別平均を算出し，要因効果図を作成する手順について説明する．

(1) 各因子の水準別平均と要因効果

ここでは，直交表実験で得られたデータの水準別平均から各因子の要因効果が求められる理由について説明する．説明には，実験計画法や，次章で説明する品質工学においてもよく利用される直交表 L_{18} を用いる．

たとえば，ある実験において，2水準の因子 A を直交表 L_{18} の第1列に，3水準の因子 B, C, D, E, F, G, H を第2列から第8列にわりつけ，合計18回の実験を行い，表4-13に示すデータが得られたとする．

ここで，2水準の因子 A の効果は，A が第1水準であるデータの平均と A が第2水準であるデータの平均を求め，その差をもって表す．すなわち，表4-13に示した直交表 L_{18} において，実験 No.1〜9 のデータの平均（A_1 の水準別平均）と実験 No.10〜18 のデータの平均（A_2 の水準別平均）の差が因子 A の効果である．

このとき，図4-8に示すように，A の第1水準を含む組合せには，因子 B から H の第1，第2，第3水準が必ず同数回ずつ組み合わされている．この関係

表 4-13　直交表 L_{18} への因子のわりつけと実験データ

No.\因子列番	A 1	B 2	C 3	D 4	E 5	F 6	G 7	H 8	データ
1	1	1	1	1	1	1	1	1	$y_1 = 20.56$
2	1	1	2	2	2	2	2	2	$y_2 = 31.07$
3	1	1	3	3	3	3	3	3	$y_3 = 35.90$
4	1	2	1	1	2	2	3	3	$y_4 = 17.43$
5	1	2	2	2	3	3	1	1	$y_5 = 32.90$
6	1	2	3	3	1	1	2	2	$y_6 = 37.61$
7	1	3	1	2	1	3	2	3	$y_7 = 28.11$
8	1	3	2	3	2	1	3	1	$y_8 = 38.17$
9	1	3	3	1	3	2	1	2	$y_9 = 27.81$
10	2	1	1	3	3	2	2	1	$y_{10} = 41.09$
11	2	1	2	1	1	3	3	2	$y_{11} = 33.50$
12	2	1	3	2	2	1	1	3	$y_{12} = 35.10$
13	2	2	1	2	3	1	3	2	$y_{13} = 36.53$
14	2	2	2	3	1	2	1	3	$y_{14} = 36.98$
15	2	2	3	1	2	3	2	1	$y_{15} = 35.77$
16	2	3	1	3	2	3	1	2	$y_{16} = 38.07$
17	2	3	2	1	3	1	2	3	$y_{17} = 30.54$
18	2	3	3	2	1	2	3	1	$y_{18} = 40.34$

No.	因子	A	B	C	D	E	F	G	H	
1		1	1	1	1	1	1	1	1	
2		1	1	2	2	2	2	2	2	
3		1	1	3	3	3	3	3	3	
4		1	2	1	1	2	2	3	3	No.1～No.9まで
5	$\overline{A_1}$	1	2	2	2	3	3	1	1	の9回の実験の
6		1	2	3	3	1	1	2	2	平均値
7		1	3	1	2	1	3	2	3	
8		1	3	2	3	2	1	3	1	
9		1	3	3	1	3	2	1	2	
10		2	1	1	3	3	2	2	1	
11		2	1	2	1	1	3	3	2	
12		2	1	3	2	2	1	1	3	
13		2	2	1	2	3	1	3	2	No.10～No.18まで
14	$\overline{A_2}$	2	2	2	3	1	2	1	3	の9回の実験の
15		2	2	3	1	2	3	2	1	平均値
16		2	3	1	3	2	3	1	2	
17		2	3	2	1	3	1	2	3	
18		2	3	3	2	1	2	3	1	

図 4-8　直交表 L_{18} における因子 A の効果

は，A の第 2 水準を含む組合せについてもまったく同様である．これより，A の第 1 水準を含むデータの平均と第 2 水準を含むデータの平均に対しては，他の因子の効果が全て均等に作用していることになり，因子 A の水準別平均の差をもって，因子 A 単独の効果を求めることができる．

同様に，因子 B の第 1，第 2，第 3 水準の水準別平均の差が因子 B の効果である．このとき，図 4-9 に示すように，B の第 1 水準を含む組合せには 2 水準の因子 A の第 1，第 2 水準が各 3 回ずつ現われ，3 水準の因子 C から H までの各因子の第 1，第 2，第 3 水準が各 2 回ずつ現われる．この関係は，B の第 2 水準と第 3 水準を含む組合せにおいても成立している．このため，因子 B の水準別平均の差をとれば，他の因子の影響を受けずに，因子 B 単独の効果を求めることができる．

このような関係は，因子 A，B に限らず，他の列にわりつけた因子 C〜H についても同様である．このため，直交表実験で得られたデータの水準別平均か

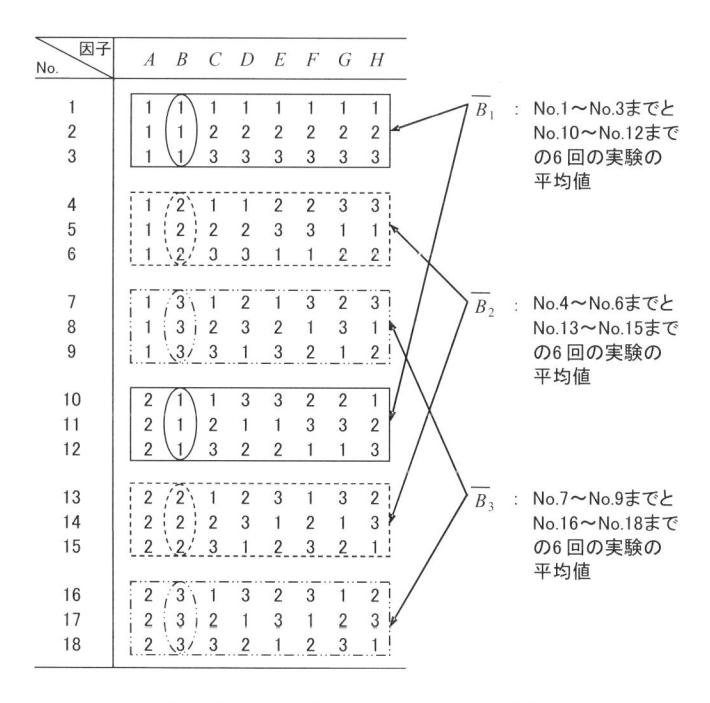

図 4-9 直交表 L_{18} における因子 B の効果

ら各因子の要因効果を求めることができる．

(2) 水準別平均の算出と要因効果図の作成

ここでは，表 4-13 のデータを例に，各因子の水準和と水準別平均を算出し，要因効果図を作成する手順について説明する．

まず，因子 A の第 1 水準の水準和は，因子 A の第 1 水準を含む全 9 データの和であり，次式で求める．

$$\begin{aligned} A_1 &= y_1 + y_2 + y_3 + y_4 + y_5 + y_6 + y_7 + y_8 + y_9 \\ &= 20.56 + 31.07 + 35.90 + 17.43 + 32.90 + 37.61 + 28.11 + 38.17 + 27.81 \\ &= 269.56 \end{aligned} \quad (4\text{-}62)$$

次に，因子 A の第 1 水準の水準別平均は，水準和を水準の出現回数で除した値であり，次式で求める．

$$\overline{A}_1 = \frac{A_1}{9} = \frac{269.56}{9} = 29.95 \quad (4\text{-}63)$$

同様に，因子 A の第 2 水準の水準和と水準別平均は，次式で求める．

$$\begin{aligned} A_2 &= y_{10} + y_{11} + y_{12} + y_{13} + y_{14} + y_{15} + y_{16} + y_{17} + y_{18} \\ &= 41.09 + 33.50 + 35.10 + 36.53 + 36.98 + 35.77 + 38.07 + 30.54 + 40.34 \\ &= 327.92 \end{aligned} \quad (4\text{-}64)$$

$$\overline{A}_2 = \frac{A_2}{9} = \frac{327.92}{9} = 36.44 \quad (4\text{-}65)$$

以下同様に，因子 $B \sim H$ の水準和と水準別平均を計算し，これらの結果を表 4-14 の補助表にまとめた．

最後に，表 4-14 の水準別平均をグラフにプロットし，図 4-10 の要因効果図を作成する．この要因効果図からは，因子 A，C，D，H の効果が大きいことが確認できる．

4.3.4 直交表利用時の注意事項

本項では，直交表の利用に際して注意すべき事項を取り上げ，対応の方法について説明する．具体的には，(1)では直交表への因子のわりつけ方法について説明する．次に，(2)で素数べき型直交表と混合系直交表の使い分け方について説明する．最後に，(3)で直交表の空き列の必要性について説明する．

表 4-14 水準和と水準別平均の補助表

(a) 水準和の補助表

因子	第1水準	第2水準	第3水準
A	269.55	327.91	—
B	197.22	197.21	203.04
C	181.78	203.16	212.52
D	165.60	204.05	227.81
E	197.09	195.61	204.76
F	198.50	194.71	204.25
G	191.41	204.18	201.86
H	208.83	204.58	184.05

(b) 水準別平均の補助表

因子	第1水準	第2水準	第3水準
A	29.95	36.43	—
B	32.87	32.87	33.84
C	30.30	33.86	35.42
D	27.60	34.01	37.97
E	32.85	32.60	34.13
F	33.08	32.45	34.04
G	31.90	34.03	33.64
H	34.81	34.10	30.67

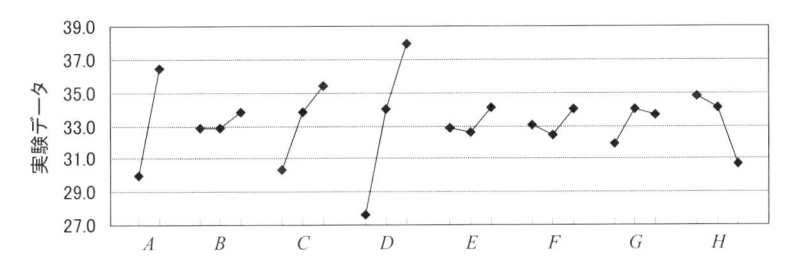

図 4-10 直交表 L_{18} にわりつけた各因子の要因効果図

(1) 直交表への因子のわりつけ方法

直交表には，**素数べき型直交表**（power of prime orthogonal array）と**混合系直交表**（mixed orthogonal array）がある．素数べき型直交表とは，行数（No.）が単一の素数のべき乗で表せる直交表であり，$L_8(8=2^3)$, $L_{16}(16=2^4)$, $L_9(9=3^2)$, $L_{27}(27=3^3)$ などがこれに相当する．一方，混合系直交表とは，行数を素因数分解すると，単一の素数のべき乗ではなく，2 と 3 のべき乗が混合して現れる直交表であり，$L_{12}(12=2^2\times3)$, $L_{18}(18=2\times3^2)$, $L_{36}(36=2^2\times3^2)$ などがこれに相当する．因子の効果を正しく分析するためには，これら 2 種類の直交表の性質をよく理解しておく必要がある．

以下，素数べき型直交表と混合系直交表の性質について説明する．

(a) 素数べき型直交表

素数べき型直交表は，因子間の交互作用が特定の列に現れるという性質を

持つ．たとえば，直交表 L_8 では，第1列にわりつけた因子 A と第2列にわりつけた因子 B の交互作用 $A \times B$ の効果が第3列に現れる．したがって，この性質を無視して第3列に因子 C をわりつけると，第3列には，因子 C の効果と因子 A, B 間の交互作用効果が混在してしまう．この混在した効果は，実験後に分離することができないため，因子 A, B 間の交互作用が懸念される場合には，第3列を空き列にしておく必要がある．

このように，素数べき型直交表を使用する際には，因子間の交互作用がどの列に現れるかを把握したうえで，因子のわりつけを行わなければならない．因子間の交互作用に関する情報は，田口玄一博士が考案した線点図から得ることができる．表 4-15 に直交表 L_8 とその線点図を示す．**線点図**（linear graph）では，点が因子の主効果列を表し，点と点を結ぶ線が交互作用列を表す．主効果とは，他の因子の水準がいろいろと変化するなかで，当該因子の水準を変更したときの平均的な効果の大きさを意味する．したがって，主効果が大きいということは，その因子単独での効果が大きいことになる．

表 4-15 に示した(1)の線点図では，第1，第2，第4，第7列が主効果列となり，第1，第2列にわりつけた因子間の交互作用が第3列に，第1，第4列にわりつけた因子間の交互作用が第5列に，第2，第4列にわりつけた因子間の交互作用が第6列に現れる．一方，(2)の線点図では，第1，第2，第4，

表 4-15　直交表 L_8 と線点図

列番 No.	1	2	3	4	5	6	7
1	1	1	1	1	1	1	1
2	1	1	1	2	2	2	2
3	1	2	2	1	1	2	2
4	1	2	2	2	2	1	1
5	2	1	2	1	2	1	2
6	2	1	2	2	1	2	1
7	2	2	1	1	2	2	1
8	2	2	1	2	1	1	2
成分	a	b	a b	c	a c	b c	a b c

第6列が主効果列となり，第1，第2列にわりつけた因子間の交互作用が第3列に，第1，第4列にわりつけた因子間の交互作用が第5列に，第1，第6列にわりつけた因子間の交互作用が第7列に現れる．ただし，本来，第6列には，第2列と第4列にわりつけた因子間の交互作用が現れるため，(2)の線点図を用いる場合は，第2列と第4列にわりつけた因子間の交互作用が十分に小さいことが前提となる．

線点図(1)と(2)の使い分けの考え方としては，A，B，Cの3因子を取り上げた場合に，$A×B$，$A×C$，$B×C$という3因子間の交互作用を評価したい場合は(1)の線点図を用いる．また，特定の因子Aを中心として，$A×B$，$A×C$，$A×D$の交互作用を評価したい場合は(2)の線点図を用いる．

一方，付録の付表8に示した直交表L_{16}では，線点図(1)では，主効果列5，交互作用列10なのに対して，線点図(2)では，主効果列7，交互作用列8となり，主効果列と交互作用列の数が変化する．したがって，実験の目的に合わせて，適切なわりつけ形式を選択できるように，線点図の読み方を覚えておく必要がある．

このように，線点図の読み方を覚えれば，評価したい主効果と交互作用に応じたわりつけが可能になる．ただし，2因子間に交互作用が無いことが既知であれば，それらの交互作用列を主効果列とみなし，他の因子をわりつけてもよい．

線点図(1)の関係は，直交表の下の成分表からも読み取ることができる．表4-15において，第1列最下端にaとあり，第2列最下端にbとあるのは，それぞれ単独の主効果をわりつけることが可能であり，第3列最下端にabとあるのは，第3列にはa（第1列）とb（第2列）の交互作用が現れることを示している．また，第7列の最下端にabcとあるのは，a（第1列），b（第2列），c（第4列）の3因子間交互作用が現れることを示している．一般に，このような3因子間の交互作用効果は主効果に比べて小さいため，交互作用を無視して主効果をわりつける．(1)の線点図で第7列が線（交互作用列）ではなく点（主効果列）で示されるのは，そのためである

(b) 混合系直交表

混合系直交表では，2因子間の交互作用効果は特定の列に現れず，他の列

に少しずつ均等に分配される．したがって，全ての列を主効果列と考え，同じ水準数の因子であれば，どの列にわりつけてもかまわない．このため，混合系直交表には線点図も存在しない．

以上より，素数べき型直交表では，因子間の交互作用に関する情報と線点図をもとにしたわりつけが必要になる．一方，混合系直交表では，同じ水準数の因子はどの列にわりつけてもかまわないことになる．

(2) 素数べき型直交表と混合系直交表の使い分け方

(1)では，素数べき型直交表と混合系直交表の性質について説明した．ここでは，それらの使い分け方について説明する．

一般に，実験計画法では，目的に応じて素数べき型直交表と混合系直交表の双方が使用される．使い分けの考え方として，因子間の交互作用が無視できない場合は素数べき型直交表を使用し，線点図に基づいた因子わりつけにより，交互作用の大きさも評価する．一方，因子間の交互作用が十分に小さいことが既知であり，主効果のみを評価したい場合は，素数べき型直交表，混合系直交表のどちらを使用してもかまわない．しかし，交互作用の大小は，実験して初めてわかることが多く，事前に判明していることはまれである．そうした理由から，実験計画法では素数べき型直交表を用いて，交互作用も含めた評価をすることが多い．

これに対して，第5章で説明する品質工学のパラメータ設計では，交互作用に左右されない強い主効果により，設計の安定性を高めることを目的とするため，混合系直交表の使用が推奨される．詳細については第5章で説明する．

(3) 直交表における空き列の必要性

実験計画法では，因子の効果と誤差の効果の比較から，因子の効果の有意性を検定するため，誤差の効果（誤差分散）を算出する必要がある．このため，一元配置実験や多元配置実験では，因子の水準組合せが同じ条件で繰返し実験を行い，繰返しデータのばらつきから誤差分散を算出する．一方，直交表実験では，全ての水準組合せで繰返し実験を行う方法と直交表に空き列を設定する方法がある．空き列とは因子がわりつけられていない列であり，誤差列とも呼ばれる．空き列を設定すれば，全ての水準組合せに対する繰返し実験を行わなくても，誤差分散を算出し,因子の効果を統計的に検定することが可能になる．

一方，直交表の全列に因子をわりつけ，空き列を設定しなかった場合は，全ての実験組合せで2回以上の繰返し実験を行う必要がある．

なお，空き列は多因子間の交互作用列に設定し，数少ない主効果列には因子をわりつけることが一般的である．たとえば，表4-15の直交表L_8であれば，3因子間の交互作用列となる第7列を空き列にすることが一般的である．

これに対して，第5章で説明する品質工学のパラメータ設計では，要因効果に対する統計検定は行わない．したがって，実験効率の面から，空き列は設定せず，全ての列に因子をわりつけることが推奨される．

4.3.5 直交表におけるわりつけ技法

直交表を利用する際には，実験に取り上げた因子数や水準数に適した直交表を選択することが基本になる．しかし，既存の直交表のなかに，因子数や水準数が完全に合致するような直交表が存在するとは限らない．そうした背景から，既存の直交表をベースにしたさまざまなわりつけ技法が確立されている．本項ではこれらのわりつけ技法について紹介する．

ただし，因子数については，取り上げた因子数よりも大きな列数を持つ直交表を選択し，余りの列は誤差列として扱うことが可能なため，ここでは，水準数が一致しない場合に利用するわりつけ技法について説明する．具体的には，直交表の水準数より少ない水準の因子をわりつける技法である**ダミー法**（dummy treatment），逆に，直交表の水準数よりも多い水準の因子をわりつける技法である**多水準作成法**（multilevel arrangement）について説明する．また，交互作用のある因子間の水準設定方法である**水準ずらし法**（sliding levels treatment）についても説明する．

(1) ダミー法（擬水準法）

ダミー法とは，直交表の列の水準数よりも少ない水準の因子をわりつけるときに用いる技法である．たとえば，3水準系の直交表L_9に，2水準の因子をわりつける場合などに適用する．

(a) わりつけ方法

ダミー法で，直交表の3水準の列に2水準の因子をわりつける場合には，2水準の片方の水準を重複させ，形式的に3水準にする．たとえば，2水準の

表 4-16 直交表 L_{18} におけるダミー法のわりつけ例

No. \ 因子	A	B	C	D	E	F	G	H	データ
1	1	1	1	1	1	1	1	1	8.09
2	1	1	2	2	2	2	2	2	8.24
3	1	1	3	3	3	3	3	3	8.31
4	1	2	1	1	2	2	3	3	10.72
5	1	2	2	2	3	3	1	1	11.43
6	1	2	3	3	1	1	2	2	10.08
7	1	2'	1	2	1	3	2	3	10.47
8	1	2'	2	3	2	1	3	1	13.75
9	1	2'	3	1	3	2	1	2	10.91
10	2	1	1	3	3	2	2	1	10.80
11	2	1	2	1	1	3	3	2	8.88
12	2	1	3	2	2	1	1	3	8.46
13	2	2	1	2	3	1	3	2	17.82
14	2	2	2	3	1	2	1	3	9.56
15	2	2	3	1	2	3	2	1	7.79
16	2	2'	1	3	2	3	1	2	15.09
17	2	2'	2	1	3	1	2	3	11.63
18	2	2'	3	2	1	2	3	1	10.96

因子 $B(B_1, B_2)$ を 3 水準の列にわりつける場合には，水準を (B_1, B_1, B_2)，または (B_1, B_2, B_2) に設定する．どちらの水準を重複させるかは自由であるが，より重要と思われるほうの水準を重複させる方法が一般的である．

直交表 L_{18} の第 2 列にダミー法を適用した例を表 4-16 に示す．このケースでは，取り上げた因子の第 2 水準を重複させている．ここで，ダミー水準とした第 3 水準は，第 2 水準のダミーであることを示すためダッシュを付けて 2' と表示する．このダミー水準は，直交表の第 1，第 2，第 3 水準のなかのどの水準に設定しても問題はない．

(b) 水準別平均の求め方

表 4-16 のデータを用いて，ダミー法でわりつけた因子 B の水準別平均を求める．まず，第 1 水準の水準別平均は，因子 B をわりつけた列の水準が 1 である No.1,2,3,10,11,12 の 6 データの平均であり，次式のように求める．

$$B_1 = \frac{(8.09+8.24+8.31+10.80+8.88+8.46)}{6} = 8.80 \tag{4-66}$$

次に，第 2 水準の水準別平均は，ダミーの行も含め，因子 B をわりつけた

列の水準が2と2′であるNo.4,5,6,7,8,9,13,14,15,16,17,18の12データの平均であり，次式のように求める．

$$B_2 = \frac{(10.72+11.43+10.08+10.47+13.75+10.91)}{12}$$
$$+ \frac{(17.82+9.56+7.79+15.09+11.63+10.96)}{12} = 11.68 \quad (4\text{-}67)$$

他の列については，ダミー列の影響は受けないため，通常の方法で水準別平均を計算する．

(2) 多水準作成法

多水準作成法とは，直交表の2水準や3水準の列を複数組み合わせることによって，4水準，6水準，7水準などの多水準の列をつくる技法である．直交表の基本形は，2水準系，3水準系，および2水準と3水準が混在したタイプの3種類であるため，評価可能な水準数は最大で3である．しかし，製品開発では，3水準以上の因子を評価しなければならないケースも多い．特に，質的因子では，水準が因子の種類になるため，多水準の評価が必要になることが多い．このような場合に，多水準作成法を用いれば，4水準，6水準，8水準などの多水準の因子を評価することが可能になる．

巻末の付録に，多水準作成法を適用した直交表の例を示した．具体的には，
・直交表L_8の3列を組み合わせて4水準の1列をつくる方法(付録の付表13)．
・直交表L_{16}の7列を組み合わせて8水準の1列をつくる方法(付録の付表14)．
・直交表L_{18}の2列を組み合わせて6水準の1列をつくる方法(付録の付表15)．
である．また，この多水準作成法と先に説明したダミー法を組み合わせれば，5水準，7水準などの列をつくることも可能である．

多水準作成法の詳細については参考文献[4]を参照されたい．

(3) 水準ずらし法(スライド水準)

水準ずらし法とは，直交表にわりつける2因子間に交互作用が懸念される場合に，一方の因子の水準値を他方の因子の水準値に関連づけて設定し，因子の主効果を正しく評価するための技法である．一般的に，因子の水準は，過去の実験データや実現性などを考慮しながら独立に設定することが多いが，大きな交互作用が予想される場合は，水準ずらし法を適用し，取り上げた因子の主効

果を正しく評価する必要がある．以下に，因子間に大きな交互作用が予想される化学反応実験の例を示し，水準ずらし法を用いた水準設定の考え方について説明する．

化学反応の実験において，直交表にわりつける因子に，A：触媒の種類，B：反応時間を取り上げた．一般的に，触媒の種類によって標準的な反応時間は異なるため，触媒の種類と反応時間の水準設定に水準ずらし法を適用する．たとえば，触媒 α と β の標準反応時間がそれぞれ 8 min と 10 min であった場合，まず，それぞれの標準反応時間を第 2 水準に設定する．具体的には，触媒 α に対する反応時間の第 2 水準を 8 min，触媒 β に対する反応時間の第 2 水準を 10 min とする．次に，第 1 水準および第 3 水準は，それぞれの第 2 水準よりも短め，長めの値に設定し，表 4-17 のように，触媒の種類と反応時間の水準を設定する．

このような実験に対して水準ずらし法を適用せず，B：反応時間の水準を，一律に，6 min，8 min，10 min に設定した場合，触媒 α にとっての標準的な反応時間は第 2 水準なのに対して，触媒 β にとっての標準的な反応時間は第 3 水準になる．この結果，触媒の種類によって，反応時間の各水準の持つ意味が統一性を失い，触媒の種類や反応時間の効果を正しく評価することができなくなってしまう．

表 4-17 水準ずらし法（スライド水準）による水準の設定例

	B：反応時間		
	B_1	B_2	B_3
A_1：触媒 α	6 min（短め）	8 min（標準）	10 min（長め）
A_2：触媒 β	8 min（短め）	10 min（標準）	12 min（長め）

4.4　直交表データの分散分析

本節では，複数の因子を直交表にわりつけて実験を行ったときの分析手順について，自動車の駆動部品に対する強度評価の例を用いて説明する．

まず，直交表へのわりつけの手順について説明し，次に，分散分析による要

因効果の定量化について説明する．

4.4.1 直交表へのわりつけと実験データ

　自動車の駆動部品に使用する特殊な鋼材において，各種不純物の含有率が部品強度に及ぼす影響を調べるための実験を行った．鋼材に含まれる不純物は，サルファ（S），マンガン（Mn），アルミニウム（Al），リン（P），シリコン（Si）の5種類である．これらの不純物の含有率を因子として，おのおのの含有率の現行規格における上／下限値を第1，第2水準とした．取り上げた因子と水準を表4-18に示す．

　表4-18に示した因子と水準を直交表L_8にわりつけ，直交表L_8の各組合せでテストピースを作製し，引張り強度を測定した．

　ここで，サルファとマンガンには交互作用が懸念されたため，サルファを第1列，マンガンを第2列にわりつけ，それらの交互作用が現れる第3列には因子をわりつけず，交互作用の大きさを評価することにした．また，誤差分散を算出するために第7列を空き列とした．以上を踏まえた直交表L_8へのわりつけ結果と測定データを表4-19に示す．

表4-18　実験に取り上げた因子と水準

因子	第1水準	第2水準
サルファ含有率	規格下限	規格上限
マンガン含有率	規格下限	規格上限
アルミ含有率	規格下限	規格上限
リン含有率	規格下限	規格上限
シリコン含有率	規格下限	規格上限

（注）因子の水準は実際には定量値（％）で設定した

4.4.2　水準和，水準別平均の計算と要因効果図の作成

　まず，表4-19のデータから各因子の水準和，水準別平均を計算する．たとえば，因子A（サルファ）の水準和は，因子Aが第1水準のデータと第2水準のデータを選別し，それぞれの和として求めることができる．また，因子Aの水

表 4-19 直交表 L_8 への因子のわりつけと実験データ

因子	直交表 L_8							実験の組合せ					データ
	A	B	$A \times B$	C	D	E	e	サルファ含有率	マンガン含有率	アルミ含有率	リン含有率	シリコン含有率	引張り強度 (MPa)
列番 No.	1	2	3	4	5	6	7	1	2	4	5	6	
1	1	1	1	1	1	1	1	下限	下限	下限	下限	下限	$y_1 = 2095$
2	1	1	1	2	2	2	2	下限	下限	上限	上限	上限	$y_2 = 1947$
3	1	2	2	1	1	2	2	下限	上限	下限	上限	上限	$y_3 = 2040$
4	1	2	2	2	2	1	1	下限	上限	上限	下限	下限	$y_4 = 2061$
5	2	1	2	1	2	1	2	上限	下限	下限	下限	上限	$y_5 = 1951$
6	2	1	2	2	1	2	1	上限	下限	上限	上限	下限	$y_6 = 1979$
7	2	2	1	1	2	2	1	上限	上限	下限	上限	下限	$y_7 = 1972$
8	2	2	1	2	1	1	2	上限	上限	上限	下限	上限	$y_8 = 2112$
成分	a	b	a b	c	a c	b c	a b c						

準別平均は，水準和を水準の出現回数（直交表 L_8 では常に 4 回）で除すことにより，次式のように求める．

$$\overline{A_1} = \frac{y_1 + y_2 + y_3 + y_4}{4} = \frac{2095 + 1947 + 2040 + 2061}{4} = 2036 \quad (4\text{-}68)$$

$$\overline{A_2} = \frac{y_5 + y_6 + y_7 + y_8}{4} = \frac{1951 + 1979 + 1972 + 2112}{4} = 2004 \quad (4\text{-}69)$$

同様に，全ての因子の水準和，水準別平均を計算し，結果を表 4-20 にまとめた．

次に，表 4-20 の水準別平均をプロットし，図 4-11 に示す要因効果図を作成した．

図 4-11 の要因効果図より，因子 D（リン）と因子 E（シリコン）の効果が大きく，ともに含有率が低いほど引張り強度が向上していることがわかる．また，因子 A（サルファ）と因子 B（マンガン）にも効果が認められ，因子 B の含有率が高いほど引張り強度が向上している．一方，因子 C（アルミニウム）には誤差列と同程度の効果しか認められない．また，因子 A と B の交互作用は，大きな効果ではないものの，主効果 A と同程度の効果である．

このように，要因効果図を作成することにより，実験結果に対する一通りの

表 4-20 直交表 L_8 にわりつけた各因子の水準和と水準別平均

(a) 水準和の補助表

因子	第1水準	第2水準
A	8143	8014
B	7972	8185
$A \times B$	8126	8031
C	8058	8099
D	8226	7931
E	8219	7938
e	8107	8050

(b) 水準別平均の補助表

因子	第1水準	第2水準
A	2036	2004
B	1993	2046
$A \times B$	2032	2008
C	2015	2025
D	2057	1983
E	2055	1985
e	2027	2013

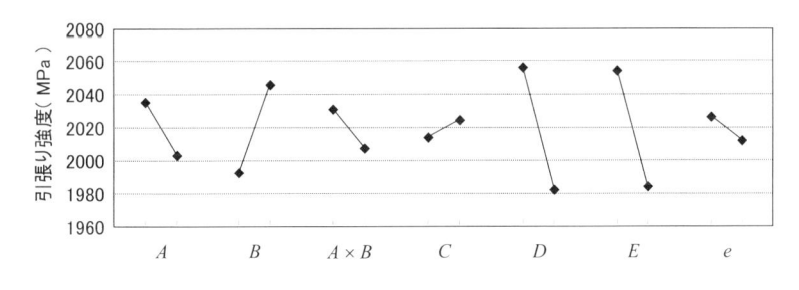

図 4-11 直交表 L_8 にわりつけた各因子の要因効果図

判断が可能になる.以下,分散分析により各因子の効果を定量化し,実験結果の解釈に客観性を与える.

4.4.3 変動の分解

一般に,直交表実験の分散分析では,データの全変動 S_T を,直交表にわりつけた各因子の変動に分解する.たとえば,7列を有する直交表 L_8 に因子 $A \sim G$ の7因子をわりつけた場合は,次式のように変動を分解する.

$$S_T = S_A + S_B + S_C + S_D + S_E + S_F + S_G \tag{4-70}$$

今回の実験では,第3列には因子をわりつけず A と B の交互作用列としたため,第3列の変動は $S_{A \times B}$ で表す.また,第7列には因子をわりつけず誤差列としたため,第7列の変動は S_e で表す.したがって,今回の分析では,全変動 S_T を次式に示した各変動要因に分解する.

$$S_T = S_A + S_B + S_{A \times B} + S_C + S_D + S_E + S_e \tag{4-71}$$

以下，式 (4-71) の各項の変動を計算する．
まず，修正項 CF を次式のように計算する．

$$CF = \frac{(y_1 + y_2 + \cdots + y_8)^2}{8} = \frac{(2095 + 1947 + \cdots + 2112)^2}{8}$$
$$= \frac{16157^2}{8} = 32631081 \quad (f = 1) \tag{4-72}$$

次に，全データの自乗和から修正項 CF を引くことにより，次式のように全変動 S_T を計算する．

$$S_T = y_1^2 + y_2^2 + \cdots + y_8^2 - CF = 2095^2 + 1947^2 + \cdots + 2112^2 - 32631081$$
$$= 30244 \quad (f = 8 - 1 = 7) \tag{4-73}$$

最後に，各因子による変動を計算する．たとえば因子 A による変動 S_A は，式 (4-10) の一般式から，次式のように計算する．

$$S_A = \frac{A_1^2}{4} + \frac{A_2^2}{4} - CF \tag{4-74}$$

ここで，2 水準の因子による変動の計算式は次式のように簡略化することができる．

$$S_A = \frac{A_1^2}{4} + \frac{A_2^2}{4} - CF$$
$$= \frac{A_1^2}{4} + \frac{A_2^2}{4} - \frac{(A_1 + A_2)^2}{8} = \frac{(A_1 - A_2)^2}{8} \quad (f = 1) \tag{4-75}$$

式 (4-75) より，因子 A による変動 S_A は次式で求められる．

$$S_A = \frac{(8143 - 8014)^2}{8} = 2080 \quad (f = 1) \tag{4-76}$$

以下同様に，各変動を求める．

$$S_B = \frac{(7972 - 8185)^2}{8} = 5671 \quad (f = 1) \tag{4-77}$$

$$S_{A \times B} = \frac{(8126 - 8031)^2}{8} = 1128 \quad (f = 1) \tag{4-78}$$

$$S_C = \frac{(8058 - 8099)^2}{8} = 210 \quad (f = 1) \tag{4-79}$$

4.4 直交表データの分散分析　147

$$S_D = \frac{(8226-7931)^2}{8} = 10878 \quad (f=1) \tag{4-80}$$

$$S_E = \frac{(8219-7938)^2}{8} = 9870 \quad (f=1) \tag{4-81}$$

$$S_e = \frac{(8107-8050)^2}{8} = 406 \quad (f=1) \tag{4-82}$$

また，誤差変動 S_e は次式のように求めることもできる．

$$\begin{aligned}
S_e &= S_T - (S_A + S_B + S_{A\times B} + S_C + S_D + S_E) \\
&= 30244 - (2080 + 5671 + 1128 + 210 + 10878 + 9870) \\
&= 406 \quad (f = 7 - 6 = 1)
\end{aligned} \tag{4-83}$$

以上より，式 (4-71) に示した各変動の大きさは次式のようになる．

$$\begin{aligned}
S_T &= S_A + S_B + S_{A\times B} + S_C + S_D + S_E + S_e \\
&= 2080 + 5671 + 1128 + 210 + 10878 + 9870 + 406
\end{aligned} \tag{4-84}$$

4.4.4　取り上げた因子の有意性の検定

まず，各変動成分を，それぞれの自由度で除すことにより，分散を求める．

$$V_A = \frac{S_A}{f_A} = \frac{2080}{1} = 2080 \tag{4-85}$$

$$V_B = \frac{S_B}{f_B} = \frac{5671}{1} = 5671 \tag{4-86}$$

$$\vdots$$

$$V_E = \frac{S_E}{f_E} = \frac{9870}{1} = 9870 \tag{4-87}$$

$$V_e = \frac{S_e}{f_e} = \frac{406}{1} = 406 \tag{4-88}$$

次に，各因子による分散と誤差分散の分散比 F を求める．

$$F_A = \frac{V_A}{V_e} = \frac{2080}{406} = 5.12 \tag{4-89}$$

$$F_B = \frac{V_B}{V_e} = \frac{5671}{406} = 13.96 \tag{4-90}$$

⋮

$$F_E = \frac{V_E}{V_e} = \frac{9870}{406} = 24.30 \tag{4-91}$$

ここまでの結果を分散分析表にまとめると，表 4-21 のようになる．

このようにして算出した分散比に対して F 検定を行い，統計的に有意な因子を判断する．ここで，表 4-21 に示した分散比は，いずれも分母，分子の分散の自由度は 1 である．したがって，付録の付表 4 の F 分布表（片側）より，1% 有意点は 4052，5% 有意点は 161 になる．しかし，効果が最も大きい因子 D の分散比が 26.79 であるため，取り上げた因子は全て統計的に有意でないという結果になる．この結果は，図 4-11 の要因効果図をもとにした判断とは必ずしも一致しない．このような結果に至った理由は，誤差分散の自由度不足にあると考えられる．一般に，誤差分散の自由度が小さければ，誤差分散の値も不確かになるため，それをもとに検定される因子の効果も，よほど大きくない限りは信用できないことになる．このことは，F 分布表において，誤差分散（分散比の分母）の自由度が減少するにつれて，1% 有意点，5% 有意点の閾値が上がっていくことからも明らかである．したがって，検定精度を上げるには，誤差分散の自由度を大きくする必要がある．ただし，そのために直交表の空き列を増やすと，「少ない実験で大きな情報を得る」という直交表の利点が損なわれてしまうため，誤差のプールという方法が用いられる．誤差のプールとは，実験の結果，効果が誤差程度とみなせる因子を新たに誤差に加える方法である．これ

表 4-21　分散分析表

Source (要因)	f (自由度)	S (変動)	V (分散)	F_0 (分散比)
A	1	2080	2080	5.12
B	1	5671	5671	13.96
$A \times B$	1	1128	1128	2.78
C	1	210	210	0.52
D	1	10878	10878	26.79
E	1	9870	9870	24.30
誤差 e	1	406	406	
全変動	7	30244		

により，誤差の自由度を大きくして，検定精度を上げることが可能になる．

たとえば，表 4-21 の分散分析表を見ると，因子 C の分散は誤差分散よりも小さい．そこで，因子 C の効果を誤差とみなし，その列を新たな誤差列として扱う．誤差にプールする因子は，表 4-21 に示した，誤差のプール前の分散比の値で判断する．一般的に，分散比 2 以下の因子を誤差にプールすることが多いが，この分散比 2 に統計的な根拠はないため，判断のための 1 つの目安として，相対的に分散比の小さい因子を誤差にプールする．

今回は，因子 C を誤差にプールすることにより，誤差の自由度には，因子 C の自由度 1 が加わり，トータルで 2 になる．具体的には，次式のように，誤差変動 S_e に因子 C の変動 S_C を加え，新たな誤差変動 S'_e とする．

$$S'_e = S_e + S_C = 406 + 210 = 616 \quad (f = 1 + 1 = 2) \tag{4-92}$$

この新たな誤差変動 S'_e を自由度 2 で除し，新たな誤差分散 V'_e を求める．

$$V'_e = \frac{S'_e}{f'_e} = \frac{616}{2} = 308 \tag{4-93}$$

この新たな誤差分散 V'_e をもとに，各因子による分散と誤差分散の分散比を，次のように求める．

$$F_A = \frac{V_A}{V'_e} = \frac{2080}{308} = 6.75 \tag{4-94}$$

$$F_B = \frac{V_B}{V'_e} = \frac{5671}{308} = 18.41 \tag{4-95}$$

$$F_{A \times B} = \frac{V_{A \times B}}{V'_e} = \frac{1128}{308} = 3.66 \tag{4-96}$$

$$F_D = \frac{V_D}{V'_e} = \frac{10878}{308} = 35.30 \tag{4-97}$$

$$F_E = \frac{V_E}{V'_e} = \frac{9870}{308} = 32.03 \tag{4-98}$$

今回の検定では，誤差分散の自由度が 1 から 2 に増加したため，算出した分散比の分母の自由度は 2，分子の自由度は 1 になる．したがって，付録の付表 4 の F 分布表（片側）より，1% 有意点は 98.49，5% 有意点は 18.51 になり，因子 D, E が危険率 5% 以下で有意になる．また，分散比が 18.41 の因子 B もほぼ有

意とみなしてよい．一方，因子 A，交互作用 $A \times B$ の効果は統計的には有意といえない．この結果は，図 4-11 の要因効果図をもとにした考察結果ともおおむね一致する．

このように，誤差分散の自由度によって検定の結果も変わるため，自由度が小さい場合は，誤差のプールを適切に行う必要がある．そのためには，分散分析の前に，要因効果図を用いて各因子の効果を確認し，効果を持ちそうな因子と誤差程度と思われる因子について，技術的な観点からおおよその判断をしておくことが重要である．

4.4.5 純変動と寄与率の計算

まず，各因子の純変動は，次式のように，おのおのの変動から自由度分の誤差分散を引くことにより求める．

$$S'_A = S_A - f_A \times V'_e = 2080 - 1 \times 308 = 1772 \tag{4-99}$$

$$S'_B = S_B - f_B \times V'_e = 5671 - 1 \times 308 = 5363 \tag{4-100}$$

$$\vdots$$

$$S'_E = S_E - f_E \times V'_e = 9870 - 1 \times 308 = 9562 \tag{4-101}$$

次に，各因子の寄与率を次式のように求める．

$$\rho_A = \frac{S'_A}{S_T} \times 100 = \frac{1772}{30244} \times 100 = 5.86 \ (\%) \tag{4-102}$$

$$\rho_B = \frac{S'_B}{S_T} \times 100 = \frac{5363}{30244} \times 100 = 17.73 \ (\%) \tag{4-103}$$

$$\vdots$$

$$\rho_E = \frac{S'_E}{S_T} \times 100 = \frac{9562}{30244} \times 100 = 31.62 \ (\%) \tag{4-104}$$

$$\rho_e = 100 - (\rho_A + \rho_B + \rho_{A \times B} + \rho_D + \rho_E) = 7.13 \ (\%) \tag{4-105}$$

ここまでの結果を分散分析表にまとめると，表 4-22 のようになる．なお，表 4-22 において，因子 C の分散比の横に○印が付されているのは，因子 C が誤差にプールされた因子であることを示している．

表 4-22 より，特殊鋼材の強度に対して各種不純物の含有率が及ぼす影響については，因子 D：リンと，因子 E：シリコンの効果が大きく，それぞれ，35％，

表 4-22 因子 C を誤差にプールした分散分析表

Source (要因)	f (自由度)	S (変動)	V (分散)	F_0 (分散比)	S' (純変動)	$\rho(\%)$ (寄与率)
A	1	2080	2080	6.75	1772	5.86
B	1	5671	5671	18.41	5363	17.73
$A \times B$	1	1128	1128	3.66	820	2.71
C	1	210	210	0.68 ○	—	—
D	1	10878	10878	35.30 *	10570	34.95
E	1	9870	9870	32.03 *	9562	31.62
誤差 e	1	406	406			
全変動	7	30244				100.00
誤差 $e'(C+e)$	2	616	308		2157	7.13

32%程度の寄与率を持つ．その次に，因子 B：マンガンの効果が大きく，寄与率にして約 18%の影響を持つ．一方，因子 A：サルファの寄与率は約 6%，因子 A と因子 B 間の交互作用の寄与率は約 3%であり，ともに影響は小さい．また，上記の要因によらない誤差変動の寄与率も約 7%と小さいため，テストピースの作製や実験における誤差は比較的小さかったものと判断できる．

参考文献

(1) 田口玄一：『実験計画法 上』，丸善，1976．
(2) 田口玄一：『実験計画法 下』，丸善，1976．
(3) 田口玄一：『実験計画法』，日本規格協会，1979．
(4) 田口玄一：『品質工学講座 4 品質設計のための実験計画法』，日本規格協会，1988．

第4章 演習問題

　自動車のサスペンションを構成する部品で，使用過程における摩耗が問題になった．そこで，摩耗に対する設計パラメータの影響度を定量化するため，摺動部面粗度（因子 A）と潤滑油種類（因子 B）を取り上げ，二元配置実験を行った．具体的には，因子 A と因子 B の各水準の組合せで耐久実験を行い，当該部位の摩耗量を測定した．各因子の水準と実験結果は以下の通りである．分散分析により摩耗量に対する各因子の有意性を検定し，純変動，寄与率の計算結果とともに分散分析表にまとめなさい．また，その結果について簡単に考察しなさい．

摩耗量（単位：×10μm）

A：摺動部面粗度(Ra)	B：潤滑油種類		
	B_1：A社製	B_2：B社製	B_3：C社製
A_1：0.1	1.2	1.3	1.5
A_2：0.2	1.4	1.7	2.5
A_3：0.3	2.1	2.7	3.1

第4章 演習問題 解答

分散分析の結果を以下に示す.

Source (要因)	f (自由度)	S (変動)	V (分散)	F (分散比)	S' (純変動)	ρ (%) (寄与率)
A	2	2.56	1.28	22.26 **	2.45	65.16
B	2	0.97	0.490	8.43 *	0.86	22.87
e	4	0.23	0.0600		0.45	11.97
T	8	3.76				100.00

これより,

因子 A:

摺動部面粗度の摩耗に対する影響は危険率1%以下で有意であり,寄与率は約65%.

因子 B:

潤滑油種類の摩耗に対する影響は危険率5%以下で有意であり,寄与率は約23%.

また,誤差の影響度は12%程度であり,試作,実験誤差などの影響も無視できない.

第5章

品質工学

　品質工学は，田口玄一博士が確立した製品開発，技術開発の効率化を促進するための理論体系である．本章では，品質工学の中心となるパラメータ設計を取り上げ，機能性評価，SN 比，直交表の考え方や利用方法を説明する．また，事例を用いて，パラメータ設計の実施手順と各ステップのポイントについて説明する．

記号表

$A, B, C, \ldots$	:	因子名
$A_i, B_j, \ldots$	:	因子 A の第 i 水準，因子 B の第 j 水準の水準和
$\overline{A}_i, \overline{B}_j, \ldots$	:	因子 A の第 i 水準，因子 B の第 j 水準の水準別平均
f	:	自由度
L	:	線形式
r	:	有効除数
S	:	感度
S_e	:	誤差変動
S_N	:	誤差の主効果を含む誤差変動
S_T	:	全変動
S_β	:	比例項の変動
$S_{\beta \times N}$	:	誤差の主効果
T	:	データの総和
$\overline{T}$	:	データの総平均
V_e	:	誤差分散
V_N	:	誤差の主効果を含む誤差分散
β	:	入出力関係における比例定数
η	:	SN 比

5. 品質工学

本章では，品質工学の中心となるパラメータ設計に関する基本的な事項を説明し，パラメータ設計を理解するうえで欠かせない，機能性評価，SN 比，直交表について説明する．

5.1 品質工学の体系

品質工学（quality engineering）とは，田口玄一（Genichi Taguchi）博士によって確立された，技術開発，製品開発の効率化を促進するための理論体系であり，次に示す4分野で構成される．

(1) **パラメータ設計**（parameter design）：ノイズに対してロバストな設計条件を決定する方法．
(2) **許容差設計**（tolerance design）：設計値の許容差を合理的に決定する方法．
(3) **オンライン品質工学**（on-line quality engineering）：量産工程の検査間隔や測定器の校正間隔などを合理的に決定する方法．
(4) **MT 法**（Maharanobis-Taguchi method）：予測，診断，検査などの評価基準を決定する方法．

ここで，品質工学の体系における各分野の位置づけは，図 5-1 のように整理される．

本章では，品質工学の中心となるパラメータ設計について説明する．なお，許容差設計[1]，オンライン品質工学[2]，MT 法[3]については参考文献を参照されたい．

5.2 パラメータ設計の概要

パラメータ設計は，システムを効率的に最適化するための設計理論である．

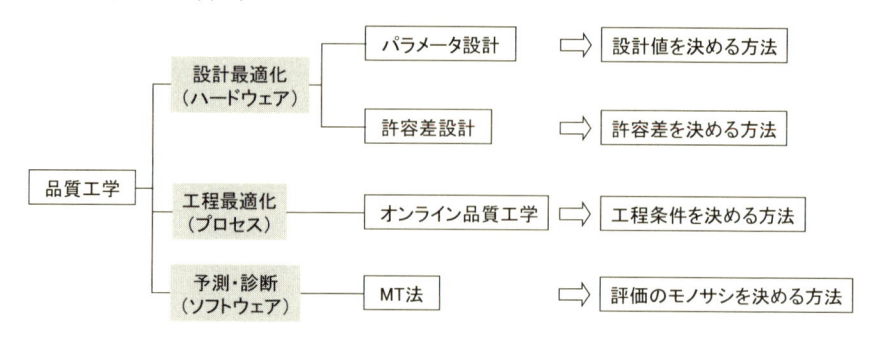

```
品質工学 ─┬─ 設計最適化      ─┬─ パラメータ設計  ⇒ 設計値を決める方法
          │  （ハードウェア）  │
          │                    └─ 許容差設計      ⇒ 許容差を決める方法
          │
          ├─ 工程最適化      ─── オンライン品質工学 ⇒ 工程条件を決める方法
          │  （プロセス）
          │
          └─ 予測・診断      ─── MT法             ⇒ 評価のモノサシを決める方法
             （ソフトウェア）
```

図 5-1　品質工学の体系

パラメータ設計における「最適」とは，さまざまな**ノイズ**（noise）に対して，システムの機能が安定した状態，すなわち**ロバスト**（robust）な状態にあることを意味する．ここで，ノイズとは，システムの機能を乱す原因系の総称であり，次の3種類に分類される．

(1) 外乱：温度，湿度などの環境条件を主とした，システムの外部から働くノイズ．
(2) 内乱：劣化を主とした，システムの内部に発生するノイズ．
(3) 製造ばらつき：システムを構成するサブシステムや部品のばらつきを主とした，製造のばらつきに起因するノイズ．

　このようなさまざまなノイズの影響によってシステムの機能がばらつくと，本来意図した働きや出力が得られなくなり，さらには，**弊害項目**（side effect）と呼ばれる意図しない現象が発生する．たとえば，直流モータの機能は，「電力を動力に変換すること」であるが，ノイズの影響によって，このような本来の機能がばらつくと，振動，騒音，発熱などの弊害項目が発生し，消費者にさまざまな品質問題をもたらす．

　一方，さまざまなノイズに対してシステムの機能が安定した状態にあることをロバストな状態という．パラメータ設計は，開発段階でノイズに対する機能のロバスト性を確保することにより，市場で起きるさまざまな品質問題を未然に防ぐための設計理論である．

　次節以降では，機能を評価することの重要性と機能の安定性の評価測度となるSN比（S/N ratio）を中心に説明する．また，パラメータ設計では，複数のパ

ラメータを同時に評価することが重要になるため，実験計画法と同様に直交表を利用する．そこで，パラメータ設計における直交表の目的についても説明する．

5.3 パラメータ設計における機能性評価

本節では，まず，機能と機能性の定義を明らかにし，機能性評価の重要性について説明する．次に，P-ダイアグラムを用いた機能の表示方法を説明し，最後に，機能性を改善するための設計理論として，パラメータの非線形性の利用について説明する．

5.3.1 機能と機能性

パラメータ設計では，「あらゆるシステムには機能がある」，そして，「あらゆる機能はエネルギーの変換である」という前提に基づいて機能を考える．したがって，あらゆるシステムの機能を，図 5-2 に示したエネルギーの入出力関係でとらえ，エネルギーを変換するシステムの働きを**機能**（function），その機能の安定性を**機能性**（functionality）と定義する．また，システムのメカニズムに基づいた，より本質的な機能を**基本機能**（generic function）と呼ぶ．

たとえば，直流モータの基本機能は，「電力を動力に変換すること」であり，その機能の安定性が機能性である．その他にも，弓矢の基本機能は，「弓と弦のひずみエネルギーを矢の運動エネルギーに変換すること」であり，車両のブレーキの基本機能は，「車両の運動エネルギーをタイヤと路面間の熱エネルギーに変換すること」であると考えられる．

このような基本機能の安定性を評価し，改善することがパラメータ設計の最大の目的である．

図 5-2 エネルギー変換に基づくシステムの機能

5.3.2 品質の定義と品質評価の問題点

製品には，機能やデザインなどの消費者が望む品質と，機能のばらつきや故障，公害などの消費者が望まない品質がある．田口玄一博士は，前者を**商品品質**（customer quality），後者を**技術品質**（engineered quality）と定義した[4]．商品品質に関しては，消費者の嗜好の問題があるため，企画やマーケティングによる検討が中心になる．一方，技術品質は，嗜好の問題とは関係なく，純粋に技術で改善しなければならない問題である．したがって，パラメータ設計では，技術品質に着目し，その改善に取り組む．すなわち，品質を「**製品が出荷後，社会に与える損失**」と定義し，社会や消費者が望まない品質の低減を通じて，社会の自由の総和を拡大することを目的とする．

また，パラメータ設計では，品質を改善するにあたり，品質そのものを評価してはいけないとされる．このことは，1989 年に米国で開催された第 8 回タグチシンポジウムのサブタイトルが，"To get quality, don't measure quality. （**品質を良くしたければ，品質を測るな**）"であったことからも伺える．その理由は以下の 2 点である．

1 点目は，まったく機能しないシステムには品質問題も発生しないため，振動，騒音などの品質問題を評価し，その低減のみを追求すると，結果的に本来の機能まで低下してしまう可能性が高いためである．

2 点目は，消費者のあらゆる使用条件を予測したうえで，想定される全ての品質問題に事前に対応することは不可能と考えるためである．

したがって，パラメータ設計では，振動，騒音などの品質問題を直接評価するのではなく，システムの機能を評価し，改善することによって，さまざまな品質問題を改善することが重要になる．機能はシステムにとって唯一固有であり，ノイズに対する機能のロバスト性を高めることができれば，あらゆる品質問題の改善が期待できる．

5.3.3 P-ダイアグラムの効用

対象とするシステムの機能に関する情報は，**P-ダイアグラム**（P-diagram）に整理する．P-ダイアグラムとは，システムの機能の入出力関係，入出力関係を阻害するノイズ，およびシステムの**設計パラメータ**（design parameter）の関係

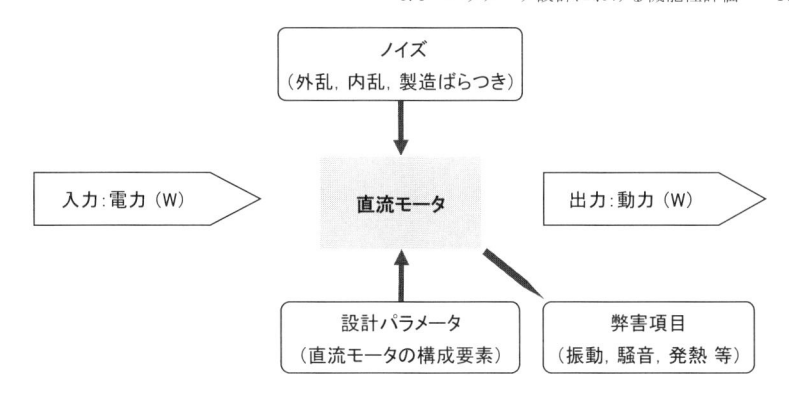

図 5-3 　直流モータの P-ダイアグラム

を図式化したものである．ここで，設計パラメータとは，設計者が自由にコントロールできる設計変数であり**制御因子**（control factor）とも呼ばれる．

例として，直流モータに関するP-ダイアグラムを図5-3に示す．P-ダイアグラムでは，図の中央に対象とするシステムを配し，その左右に，システムの機能をエネルギー変換としてとらえた入力と出力を配置する．さらに，システムの上下に，機能の入出力関係を阻害するノイズと，ノイズに対するロバスト性を改善するための設計パラメータをおく．弊害項目は，機能の入出力関係がばらついたときに発生する望ましくない現象であり，機能のロバスト性を改善すれば，弊害項目を抑制することが可能になる．

P-ダイアグラムの検討において重要なことは，システムのメカニズムに基づき，機能の入出力関係を正しく定義すること，および市場で想定されるノイズを網羅することである．さらに，パラメータ設計では，制御因子の設定値をコントロールすることにより，ノイズに対してロバストなシステムを設計するため，より多くの制御因子を取り上げて，システムのロバスト性を高めることが重要である．このため，ロバスト性向上のためには，システムは複雑であることが望ましく，複雑なシステムからより多くのパラメータを取り上げ，P-ダイアグラムに列挙する

以上より，P-ダイアグラムを正しく構成することは，システムの機能を正しく理解し，その機能性を阻害するノイズと改善手段となる制御因子をもれなく

整理することと同義である．したがって，P-ダイアグラムの作成はパラメータ設計において，最も重要なステップである．

5.3.4 設計パラメータの非線形性の利用

ノイズに対するシステムのロバスト性を高めることがパラメータ設計の目的であるが，そのための手段として利用するのが，設計パラメータの非線形性である．本項では，その概念について説明する．

システムを構成する複数の設計パラメータとシステムの出力特性の関係は，図 5-4 に示したように，非線形な関係か線形な関係，もしくは，無関係かのいずれかである．

ここで，図 5-5 に示したように，出力の目標値 m に合わせるために，非線形のパラメータ A の水準を A_1 に設定すると，パラメータの水準がわずかにばらついただけで，システムの出力は大きく変動してしまう．一方，出力の目標値 m を無視して，パラメータ A の水準を A_2 に設定しておけば，パラメータの水準が多少ばらついても，システムの出力は安定している．

設計パラメータの水準は，環境条件，劣化，および製造ばらつきなどのノイズの影響によってばらつくため，システムの使用期間中，常に一定値に保つことは不可能である．したがって，設計パラメータの非線形性を利用し，システムの出力が安定する領域にパラメータの値を設定する方法は，高価な部品や素子の採用に頼らず，システムのロバスト性を高めることができる合理的な方法である．また，その際には，制御因子の水準を設定可能な範囲で広く設定し，

(a) 非線形のパラメータ A　　(b) 線形のパラメータ B　　(c) 無関係なパラメータ C

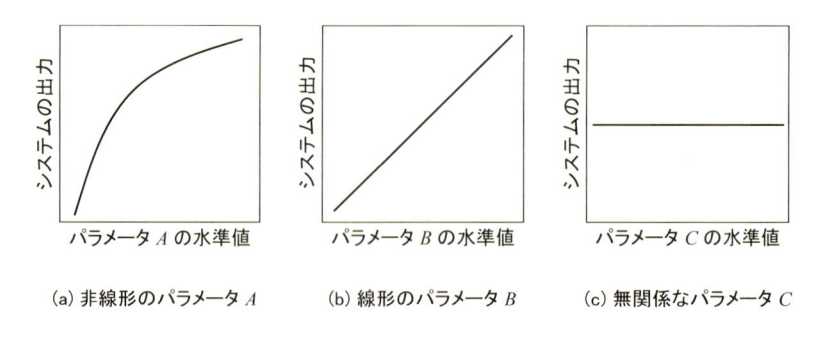

図 5-4　パラメータの水準とシステムの出力の関係

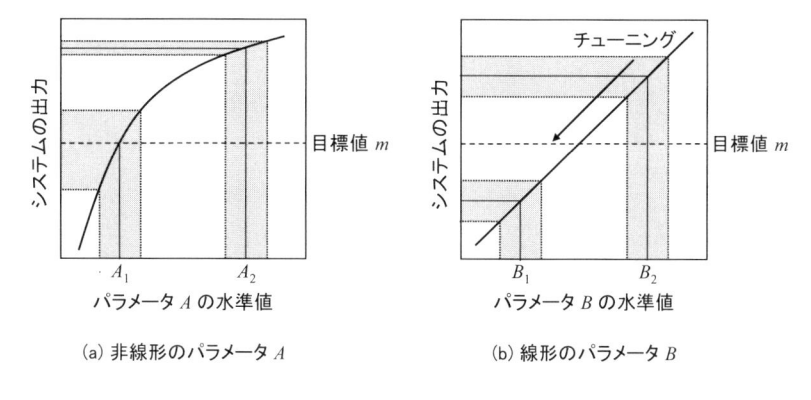

図 5-5 設計パラメータの非線形性の利用

広い領域から安定領域を探索することが重要である．

しかし，出力の安定性だけに着目して，非線形のパラメータの水準設定を検討した場合，出力が目標値に一致するとは限らない．そこで，パラメータ B のような線形のパラメータの水準を調整し，最後にシステムの出力を目標値に合わせる．線形のパラメータでは，どの水準でもシステムの出力の安定性は変化しないため，事前に確保した出力の安定性が損なわれることはない．パラメータ設計では，このような目標値への調整を**チューニング**（tuning）と呼び，調整に用いるパラメータを**調整因子**（tuning factor）と呼ぶ．一般的に，調整因子には，1つか2つの線形のパラメータを用いる．

以上のように，パラメータ設計における最適化の手順は，第一段階で，非線形のパラメータを用いてシステムの出力の安定性を向上させ，第二段階で，線形のパラメータを用いて出力を目標値へ調整する．このように，パラメータ設計は，システムの最適化を二段階に分けて進めるため，**二段階設計法**（two steps-optimization procedure）とも呼ばれる．

5.4 機能性の測度 SN 比

本節では，前節で説明した機能の安定性（機能性）の測度に用いる SN 比の基本構成と計算方法について説明する．

5.4.1 SN比の基本構成

SN比は元来,通信の分野で用いられる測度であり,信号対雑音比を意味する.これに対して,パラメータ設計におけるSN比は,システムの出力の大きさと出力のばらつきの比で定義されており,あらゆるシステムの機能性の測度として用いられる.このSN比による機能性の評価がパラメータ設計の中心となる手法である.以下,直流モータを例にSN比の概念について説明する.

図5-6に示した4種類の直流モータの経過時間と回転数の関係を比較したとき,一般的には,モータAの性能が最も良いと考える.これは,システムの機能における出力は高い値で安定していることが理想であるという考えに基づいている.すなわち,回転数の平均値を m,回転数のばらつき(標準偏差)を σ とすれば,その比率 (m/σ) が大きいほど性能の良いモータであると判断できる.したがって,パラメータ設計では,この比率を自乗した (m^2/σ^2) をSN比の基本形としている.

SN比は,(m^2/σ^2) の常用対数を取ることにより,次式のようにデシベル単位

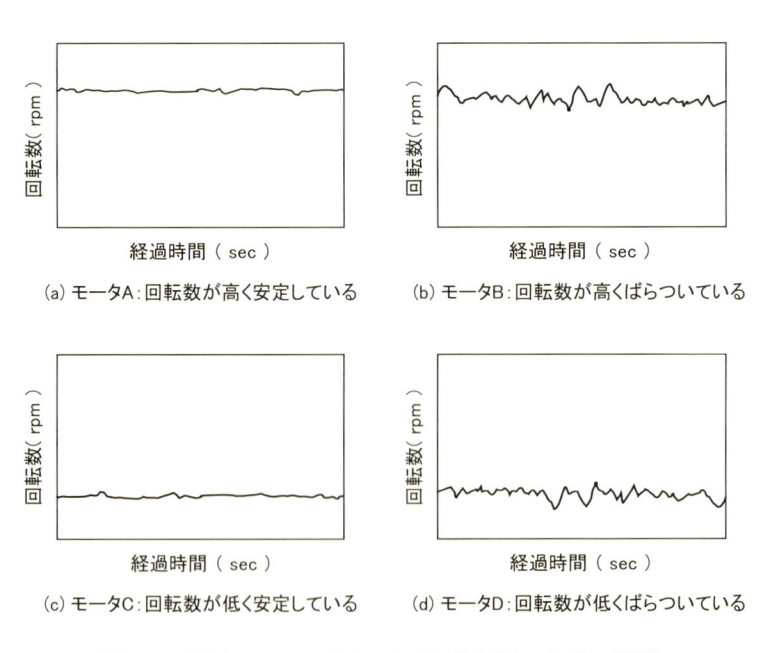

(a) モータA:回転数が高く安定している
(b) モータB:回転数が高くばらついている
(c) モータC:回転数が低く安定している
(d) モータD:回転数が低くばらついている

図5-6 4種類のモータの性能比較(経過時間と回転数の関係)

で表示する．なお，パラメータ設計では，SN 比の単位（デシベル）を dB ではなく，db で表示する．これは，パラメータ設計における SN 比と通信分野における SN 比を区別するためである．

$$\text{SN 比}: \eta = 10 \ \log \ \frac{m^2}{\sigma^2} \ (\text{db}) \tag{5-1}$$

一般に，出力の平均値で基準化した単位出力当たりの標準偏差(σ/m)を誤差率と呼ぶ．パラメータ設計では，機能性の良さを評価するために，誤差率の逆数(m/σ)を SN 比のベースにしている．

ここで，対数をとる理由について補足説明する．パラメータ設計では，複数の設計パラメータの非線形性を利用して SN 比を改善する．したがって，個々の設計パラメータによる SN 比の改善効果からシステム全体の改善効果を推定する必要がある．ただし，(m^2/σ^2) は比率の測度であるため，全体の改善効果は，個々の効果の加算ではなく乗算で推定することが妥当である．そこで，(m^2/σ^2) の対数をとることにより，乗算で推定すべき全体の改善効果を，個々の設計パラメータによる改善効果の加算で推定できるようにしている．

5.4.2 動特性と静特性

前項では SN 比の基本構成について説明したが，5.4.7 項に後述するように，システムの特性には動特性と静特性があり，特性によって SN 比の計算方法も異なる．そこで，本項では動特性と静特性の考え方について説明する．

パラメータ設計では，入力に応じて出力が変化することが望ましい特性を**動特性**（dynamic characteristic）と定義し，一定の出力が望ましい特性を**静特性**（static characteristic）と定義する．パラメータ設計では，システムの基本機能をエネルギーの入出力関係としてとらえ，その入出力関係の安定性を動特性の SN 比で評価することが基本になる．一方，計測技術などの制約から，一定の入力エネルギーに対する出力のみを評価する場合や振動，騒音などの弊害項目を評価する場合は，静特性による評価が適用される．ただし，これらの評価は，いずれもシステムの基本機能の評価にはならないため，これらの評価で良い仕様を得ても，本来の機能が改善されるという保証はない．

たとえば，前述の直流モータを例に考えると，図 5-6 に示した特性は，入力

となる電力を固定した静特性であり，特定の入力条件に対する安定性のみを示している．このため，この特性を評価して良い仕様を選定しても，他の入力条件においても良い仕様であるかはわからない．一方，「電力を動力に変換する」という直流モータの基本機能に基づき，モータに対する入力電力を徐々に増加させ，動力との関係を評価すれば，図 5-7 に示したような入出力関係のデータが得られる．この関係を動特性の SN 比で評価すれば，広範な入力条件に対する直流モータの機能性を評価することが可能になる．このように，パラメータ設計では，システムの機能を動特性として定義し，その安定性を動特性の SN 比で評価することが理想である．

なお，エネルギーの入出力関係においては，入力エネルギーがゼロであれば出力エネルギーもゼロになる．したがって，パラメータ設計では，エネルギーの入出力関係を，ゼロ点（原点）の通過を前提とした**ゼロ点比例式**（zero-point proportional dynamic characteristic）として評価することが一般的である．

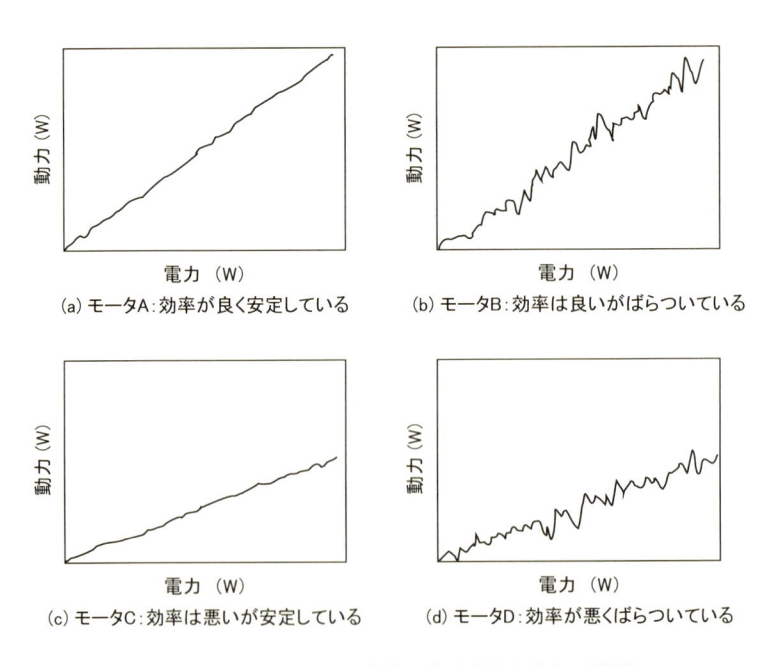

(a) モータA：効率が良く安定している
(b) モータB：効率は良いがばらついている
(c) モータC：効率は悪いが安定している
(d) モータD：効率が悪くばらついている

図 5-7　4 種類のモータの性能比較（電力と動力の関係）

5.4.3 動特性のSN比の基本構成

前項では，動特性と静特性について説明し，動特性による評価の重要性を示した．本項では，動特性のSN比の基本構成について説明する．

5.4.1項で説明したように，SN比のベースには，システムの出力の平均値mと標準偏差σの比である誤差率(σ/m)の考えがある．誤差率はシステムの出力のばらつきを出力の大きさで除すことにより，単位出力当たりのばらつきを表している．

このような概念を，入力に応じて出力が変化する動特性にあてはめてみる．まず，出力の平均値mは，図5-8に示すように，入出力関係における比例定数βに相当する．次に，出力のばらつきは，比例定数β周りのデータのばらつき（標準偏差）σに相当する．したがって，この標準偏差σをβで除すことにより，単位出力当たりのばらつきの大きさを評価することができる．

これより，動特性のSN比のベースは，入出力関係における比例定数βと，β周りのばらつき（標準偏差）σの比(σ/β)となる．ここで，単位出力当たりのばらつき(σ/β)を小さくすることは，その逆数(β/σ)を大きくすることと同義であり，動特性のSN比は次式で定義する．

$$\text{SN比}：\eta = 10 \ \log \ \frac{\beta^2}{\sigma^2} \quad \text{(db)} \tag{5-2}$$

ここで，βはシステムの入出力データから導出された回帰直線の比例定数である．また，σにはノイズによる出力のばらつき（標準偏差）と入出力関係に

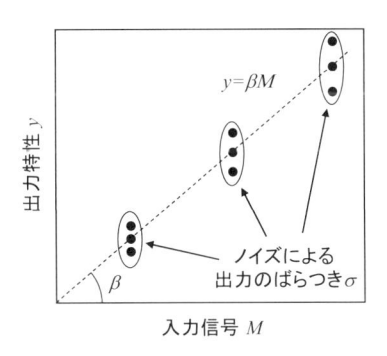

図5-8 動特性におけるばらつきの概念

おける非線形成分が含まれる．

一般に，ノイズによる出力のばらつきは，ノイズによる比例定数βの変化であり，非線形成分は機能のエネルギー変換におけるロス分である．これらを総合した誤差成分σが小さいほど，機能性の優れたシステムであると考えられる．

5.4.4 分散分析による SN 比の計算

SN 比の計算には，第 4 章で説明した分散分析を用いる．ここでは，式 (5-2) に示した動特性の SN 比の計算における分散分析の考え方について説明する．

分散分析の目的は，実験で得られたデータの全変動 S_T を，さまざまな変動要因に分解することである．動特性の SN 比の計算においても，システムの入出力関係のデータを，さまざまなノイズを組み合わせた条件のもとで取得し，それらのデータの全変動 S_T を次のように分解する．

$$S_T = S_\beta + S_{\beta \times N} + S_e \tag{5-3}$$

ここで，S_T は全変動（全データの自乗和）を表すが，実験計画法の分散分析とは異なり，修正項 CF を引かないことに注意する．これは，修正項 CF は，出力の平均の大きさに相当する変動成分であり，SN 比の分子に含めておく必要があるためである．

全変動 S_T は，比例項の変動 S_β，誤差の主効果 $S_{\beta \times N}$，誤差変動 S_e の 3 成分に分解される．ここで，比例項の変動 S_β は，機能の入出力関係における出力の大きさに相当し，S_β が大きいということは，入力がより多く目的とする出力に変換されたことを意味する．したがって，比例項の変動 S_β は，システムの機能にとっては有効な成分になる．一方，誤差の主効果 $S_{\beta \times N}$ は，ノイズによる比例定数βのばらつきであり，ノイズの影響の大きさを表す．また，誤差変動 S_e は，入出力関係における非線形成分であり，理想となる線形関係からの乖離の大きさを表す．すなわち，誤差の主効果 $S_{\beta \times N}$ と誤差変動 S_e は，システムの機能にとっては望ましくない誤差成分である．

これより，動特性の SN 比の分子を構成するβは比例項の変動 S_β から，分母を構成する σ^2 は，誤差の主効果 $S_{\beta \times N}$ と誤差変動 S_e から計算する．ただし，第 4 章で説明したように，変動という統計量はデータ数の影響を受けるため，ばらつきの評価には，変動を自由度で除した分散を用いる．まず，SN 比の分母σ^2

は，誤差の主効果 $S_{\beta \times N}$ と誤差変動 S_e の和 $S_N = S_{\beta \times N} + S_e$ を自由度 f_N で除し，次式で計算する．このようにして計算した分散を，誤差の主効果を含む誤差分散 V_N と定義する．

$$\sigma^2 = \frac{(S_{\beta \times N} + S_e)}{f_N} = \frac{S_N}{f_N} = V_N \tag{5-4}$$

一方，SN 比の分子 β^2 は比例項の変動 S_β を用いて，次式で計算する．

$$\beta^2 = \frac{1}{nr}(S_\beta - V_e) \tag{5-5}$$

ここで，r は**有効除数**（effective divider）と呼ばれ，システムへの入力の大きさを表す．n は誤差条件数であり，n と r の積 nr は，入力側の変動に相当する．すなわち，出力側の変動に相当する比例項の変動 S_β と入力側の変動 nr の比から，比例定数 β を計算していることになる．有効除数の計算方法については次項で説明する．また，比例項の変動 S_β から誤差分散 V_e（誤差変動 S_e を自由度で除した値）を引くのは，第 4 章で説明したように，比例項の変動 S_β には，自由度 1 分の誤差分散が含まれるためである．

以上より，動特性ゼロ点比例式の SN 比は次式で計算する．

$$\text{SN比} : \eta = 10 \log \frac{\beta^2}{\sigma^2} = 10 \log \frac{\frac{1}{nr}(S_\beta - V_e)}{V_N} \quad \text{(db)} \tag{5-6}$$

5.4.5 動特性の SN 比の計算手順

これまでに，動特性の SN 比は，システムの入出力関係における比例定数 β と β 周りのばらつき（標準偏差）σ を用いて，β^2/σ^2 と定義することを説明した．また，σ^2 と β^2 の値は，第 4 章で説明した分散分析の計算により求められることを説明した．本項では，これらの基本を踏まえて，機能性評価のデータから，SN 比を計算する手順について説明する．

まず，機能性評価のデータ取得方法について説明する．パラメータ設計では，システムの機能をエネルギーの入出力関係としてとらえ，その入出力関係の安定性を機能性と定義する．したがって，機能性評価の実験では，機能性を阻害するさまざまな誤差条件の下で，入出力関係のデータを取得する．

ここで，実験に取り上げたノイズを**誤差因子**（noise factor）と呼び，入力となる因子を**信号因子**（signal factor）と呼ぶ．たとえば，直流モータの機能性評価では，誤差因子に，環境温度や劣化を取り上げる．また，信号因子には，直流モータにとっての入力である電力を取り上げる．したがって，環境温度や劣化などの誤差因子を組み合わせた条件（誤差条件）の下で，電力と動力の関係を測定する．

以上のようにして求めた測定データは，表 5-1 のような形式に整理する．

表 5-1　機能性評価のための測定データ

誤差条件	信号因子（入力）			
	M_1	M_2	$\cdots$	M_k
N_1	y_{11}	y_{12}	$\cdots$	y_{1k}
N_2	y_{21}	y_{22}	$\cdots$	y_{2k}
$\vdots$	$\vdots$	$\vdots$	$\cdots$	$\vdots$
N_n	y_{n1}	y_{n2}	$\cdots$	y_{nk}

＊y は各信号因子，誤差条件下での出力の測定結果

表 5-1 は，k 水準の信号因子と n 水準の誤差条件のもとで出力を測定した場合である．なお，表中の，$M_1, M_2, \cdots, M_k$ は信号因子の水準を表す．これらのデータから，次のように動特性の SN 比を計算する．

$$全変動： S_T = y_{11}^2 + y_{12}^2 + \cdots + y_{nk}^2 \quad (f = nk) \tag{5-7}$$

$$有効除数： r = M_1^2 + M_2^2 + \cdots + M_k^2 \tag{5-8}$$

$$線形式： L_1 = M_1 y_{11} + M_2 y_{12} + \cdots + M_k y_{1k} \tag{5-9}$$

$$L_2 = M_1 y_{21} + M_2 y_{22} + \cdots + M_k y_{2k} \tag{5-10}$$

$$\vdots$$

$$L_n = M_1 y_{n1} + M_2 y_{n2} + \cdots + M_k y_{nk} \tag{5-11}$$

ここで，線形式は，各誤差条件における比例定数 β の大きさを表している．これらの線形式のばらつきが，誤差の主効果 $S_{\beta \times N}$ として計算され，ノイズの影響

の大きさを表す変動成分になる．

$$比例項の変動：S_\beta = \frac{(L_1 + L_2 + \cdots + L_n)^2}{nr} \quad (f=1) \tag{5-12}$$

$$誤差の主効果：S_{\beta \times N} = \frac{L_1^2 + L_2^2 + \cdots + L_n^2}{r} - S_\beta \quad (f=n-1) \tag{5-13}$$

$$誤差変動：S_e = S_T - S_\beta - S_{\beta \times N} \quad (f=nk-n) \tag{5-14}$$

$$誤差分散：V_e = \frac{S_e}{nk-n} \tag{5-15}$$

$$誤差の主効果を含む誤差変動：S_N = S_e + S_{\beta \times N} \quad (f=nk-1) \tag{5-16}$$

$$誤差の主効果を含む誤差分散：V_N = \frac{S_N}{nk-1} \tag{5-17}$$

これより SN 比 η は，

$$\eta = 10 \log \frac{\frac{1}{nr}(S_\beta - V_e)}{V_N} \quad (\text{db}) \tag{5-18}$$

となる．この SN 比を用いて，システムの機能の安定性を評価する．

また，入出力関係における比例定数 β の大きさを表す評価尺度として**感度**（sensitivity）を計算する．一般に，感度はエネルギー変換効率に相当し，値が大きいほどエネルギー変換効率が高いことになる．また，比例定数 β に目標値がある場合は，感度に対する影響の大きい制御因子を調整因子に選定する．感度 S は，次式により計算する．

$$感度：S = 10 \log \beta^2 = 10 \log \frac{1}{nr}(S_\beta - V_e) \quad (\text{db}) \tag{5-19}$$

SN 比と感度の計算は，ともに自乗和の分解の応用であり，第 4 章で説明した分散分析により算出される．SN 比と感度の計算に関する数理の詳細については参考文献[5]を参照されたい．

5.4.6 動特性の SN 比の計算例

本項では，実際の数値データを用いて，動特性の SN 比の計算例を示す．
自動車のパワーウィンドウを駆動する小型直流モータに関して，A 社製品と

B社製品の比較を行った．モータの機能は，電力を動力に変換することであり，信号因子は電力，出力は動力になる．電力は，車載バッテリーの電圧とモータの内部電流の関係から，60W，90W，120W の 3 水準とした．また，モータの機能性を阻害する誤差因子として環境温度を取り上げ，20℃（常温）と 80℃（高温）の 2 水準に設定した．

上記設定条件のもと，A 社製品と B 社製品を評価した結果を表 5-2 に示す．また，表 5-2 のデータをプロットした結果を図 5-9 に示す．

表 5-2　小型直流モータの機能性評価データ

(a) A社製品

誤差条件	信号因子：電力(W) 動力(単位：W)		
	60	90	120
N_1（常温 20℃）	13.25	19.10	25.72
N_2（高温 80℃）	11.71	16.68	21.76

(b) B社製品

誤差条件	信号因子：電力(W) 動力(単位：W)		
	60	90	120
N_1（常温 20℃）	12.75	20.39	26.82
N_2（高温 80℃）	12.31	19.40	24.51

(a) A社製品　　　　(b) B社製品

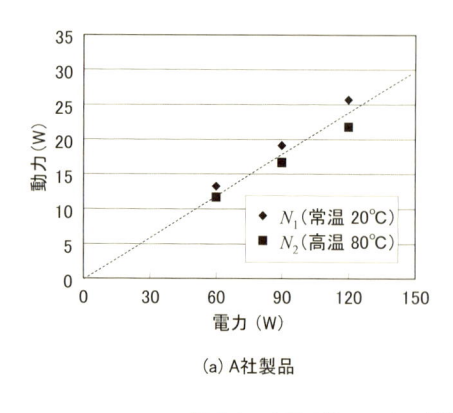

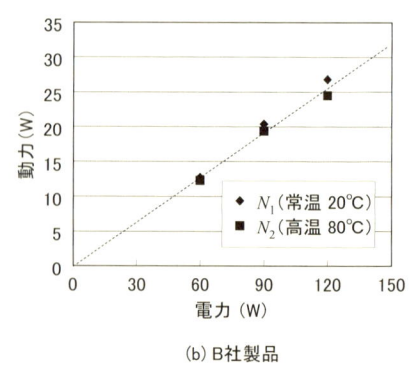

図 5-9　小型直流モータの機能性評価データのプロット

A 社製品と B 社製品を比較すると，A 社製品は高温条件における動力低下が大きく，環境温度の変化に対して不安定である．また，A 社製品の比例定数 β は，B 社製品の比例定数 β よりも小さく，エネルギー変換効率が低いことがわかる．以下，表 5-2 のデータから A 社製品と B 社製品の SN 比と感度を計算し，上記のような定性的な判断の定量化を試みる．

(1) A 社製品

$$S_T = y_{11}^2 + y_{12}^2 + \cdots + y_{23}^2$$
$$= 13.25^2 + 19.10^2 + \cdots + 21.76^2 = 2090.7350 \quad (f = 6) \tag{5-20}$$

$$r = M_1^2 + M_2^2 + M_3^2$$
$$= 60^2 + 90^2 + 120^2 = 26100 \tag{5-21}$$

$$L_1 = M_1 y_{11} + M_2 y_{12} + M_3 y_{13}$$
$$= 60 \times 13.25 + 90 \times 19.10 + 120 \times 25.72 = 5600.40 \tag{5-22}$$

$$L_2 = M_1 y_{21} + M_2 y_{22} + M_3 y_{23}$$
$$= 60 \times 11.71 + 90 \times 16.68 + 120 \times 21.76 = 4815.00 \tag{5-23}$$

$$S_\beta = \frac{(L_1 + L_2)^2}{2r}$$
$$= \frac{(5600.4 + 4815.0)^2}{2 \times 26100} = 2078.1716 \quad (f = 1) \tag{5-24}$$

$$S_{\beta \times N} = \frac{L_1^2 + L_2^2}{r} - S_\beta = \frac{(L_1 - L_2)^2}{2r}$$
$$= \frac{(5600.4 - 4815.0)^2}{2 \times 26100} = 11.8171 \quad (f = 1) \tag{5-25}$$

$$S_e = S_T - S_\beta - S_{\beta \times N}$$
$$= 2090.7350 - 2078.1716 - 11.8171 = 0.7463 \quad (f = 4) \tag{5-26}$$

$$V_e = \frac{S_e}{4} = \frac{0.7463}{4} = 0.1866 \tag{5-27}$$

$$S_N = S_e + S_{\beta \times N}$$
$$= 0.7463 + 11.8171 = 12.5634 \quad (f = 5) \tag{5-28}$$

$$V_N = \frac{S_N}{5} = \frac{12.5634}{5} = 2.5127 \tag{5-29}$$

SN比:

$$\begin{aligned}\eta &= 10 \; \log \frac{\frac{1}{nr}(S_\beta - V_e)}{V_N} \\ &= 10 \; \log \frac{\frac{1}{2 \times 26100}(2078.1716 - 0.1866)}{2.5127} \\ &= -18.00 \quad (\text{db})\end{aligned} \tag{5-30}$$

感度:

$$\begin{aligned}S &= 10 \; \log \frac{1}{nr}(S_\beta - V_e) \\ &= 10 \; \log \frac{1}{2 \times 26100}(2078.1716 - 0.1866) \\ &= -14.00 \quad (\text{db})\end{aligned} \tag{5-31}$$

(2) B社製品

$$\begin{aligned}S_T &= y_{11}^2 + y_{12}^2 + \cdots + y_{23}^2 \\ &= 12.75^2 + 20.39^2 + \cdots + 24.51^2 = 2426.2632 \quad (f=6)\end{aligned} \tag{5-32}$$

$$\begin{aligned}r &= M_1^2 + M_2^2 + M_3^2 \\ &= 60^2 + 90^2 + 120^2 = 26100\end{aligned} \tag{5-33}$$

$$\begin{aligned}L_1 &= M_1 y_{11} + M_2 y_{12} + M_3 y_{13} \\ &= 60 \times 12.75 + 90 \times 20.39 + 120 \times 26.82 = 5818.50\end{aligned} \tag{5-34}$$

$$\begin{aligned}L_2 &= M_1 y_{21} + M_2 y_{22} + M_3 y_{23} \\ &= 60 \times 12.31 + 90 \times 19.40 + 120 \times 24.51 = 5425.80\end{aligned} \tag{5-35}$$

$$\begin{aligned}S_\beta &= \frac{(L_1 + L_2)^2}{2r} \\ &= \frac{(5818.5 + 5425.8)^2}{2 \times 26100} = 2422.1127 \quad (f=1)\end{aligned} \tag{5-36}$$

$$S_{\beta \times N} = \frac{L_1^2 + L_2^2}{r} - S_\beta = \frac{(L_1 - L_2)^2}{2r}$$

$$= \frac{(5818.5 - 5425.8)^2}{2 \times 26100} = 2.9543 \quad (f=1) \tag{5-37}$$

$$S_e = S_T - S_\beta - S_{\beta \times N}$$

$$= 2426.2632 - 2422.1127 - 2.9543 = 1.1962 \quad (f=4) \tag{5-38}$$

$$V_e = \frac{S_e}{4} = \frac{1.1962}{4} = 0.2991 \tag{5-39}$$

$$S_N = S_e + S_{\beta \times N}$$

$$- 1.1962 + 2.9543 - 4.1505 \quad (f-5) \tag{5-40}$$

$$V_N = \frac{S_N}{5} = \frac{4.1505}{5} = 0.8301 \tag{5-41}$$

SN 比：

$$\eta = 10 \log \frac{\frac{1}{nr}(S_\beta - V_e)}{V_N}$$

$$= 10 \log \frac{\frac{1}{2 \times 26100}(2422.1127 - 0.2911)}{0.8301}$$

$$= -12.53 \quad (\text{db}) \tag{5-42}$$

感度：

$$S = 10 \log \frac{1}{nr}(S_\beta - V_e)$$

$$= 10 \log \frac{1}{2 \times 26100}(2422.1127 - 0.2911)$$

$$= -13.34 \quad (\text{db}) \tag{5-43}$$

以上の計算結果を，表 5-3 にまとめた．表 5-3 より，A 社製品は B 社製品に対して，SN 比で 5.47db，感度で 0.66 db 劣っていることがわかる．

ここで，表 5-3 に示した SN 比と感度の物理的な意味について説明する．まず，感度は 5.4.5 項の式 (5-19) より，以下のように算出される．

表 5-3　SN 比と感度の計算結果

単位:db

	SN比	感度
A社製品	−18.00	−14.00
B社製品	−12.53	−13.34

感度：

$$S = 10 \log \beta^2 = 10 \log \frac{1}{nr}(S_\beta - V_e) \quad \text{(db)}$$

この式を比例定数 β について解くと，次式のようになる．

入出力関係における比例定数： $\beta = 10^{\frac{S}{20}}$ (5-44)

この式を用いて，A 社製品と B 社製品の入出力関係における比例定数 β を計算すると次のようになる．

$$\beta_A = 10^{\frac{S}{20}} = 10^{\frac{-14.00}{20}} = 0.1995 \tag{5-45}$$

$$\beta_B = 10^{\frac{S}{20}} = 10^{\frac{-13.34}{20}} = 0.2153 \tag{5-46}$$

ここで，β_A は A 社製品の比例定数であり，β_B は B 社製品の比例定数である．この結果より，入力－出力間のエネルギー変換効率は，A 社製品では 19.95%，B 社製品では 21.53% となり，両製品の間には，約 1.6% の効率差があることがわかる．ただし，式 (5-44) の β の計算式は，比例項の変動 S_β の計算式と式 (5-19) からもわかるように，$\{(L_1+L_2)/nr\}^2 - (V_e/nr)$ の平方根を計算している．比例定数 β は，$(L_1+L_2)/nr$ で計算されるため，(V_e/nr) の項は余分である．このように，厳密には，$(L_1+L_2)/nr$ から β を計算することが正しいが，一般に，(V_e/nr) の値はきわめて小さいため，式 (5-44) により比例定数 β を推定しても，実用上の問題はない．

次に，SN 比の物理的意味について考察する．SN 比は，5.4.4 項の式 (5-6) より，以下のように算出される．

SN 比:

$$\eta = 10 \log \frac{\beta^2}{\sigma^2} = 10 \log \frac{\frac{1}{nr}(S_\beta - V_e)}{V_N} \quad \text{(db)}$$

この式を σ について解くと, 次式のようになる.
比例定数 β 周りの出力のばらつき:

$$\sigma = \frac{10^{\frac{S}{20}}}{10^{\frac{\eta}{20}}} \tag{5-47}$$

この式を用いて, A社製品とB社製品の動力 (出力) の標準偏差 σ を計算すると次のようになる.

$$\sigma_A = \frac{10^{\frac{S}{20}}}{10^{\frac{\eta}{20}}} = \frac{10^{\frac{-14.00}{20}}}{10^{\frac{-18.00}{20}}} = 1.58 \tag{5-48}$$

$$\sigma_B = \frac{10^{\frac{S}{20}}}{10^{\frac{\eta}{20}}} = \frac{10^{\frac{-13.34}{20}}}{10^{\frac{-12.53}{20}}} = 0.92 \tag{5-49}$$

これより, 環境温度の変化に起因する電力のばらつきを標準偏差 σ で表すと, A社製品は1.58W, B社製品は0.92Wになり, A社製品の電力のばらつきは, B社製品の約1.7倍になる. こうした機能のばらつきが, 振動, 騒音, 発熱などのさまざまな品質問題の原因となる. なお, 式(5-48), (5-49)から求めた標準偏差 σ は, おのおのの比例定数 β で基準化した標準偏差であり, 単位出力当たりのばらつきを表している.

このように, SN比と感度から, 出力のばらつき (標準偏差) σ と入出力関係における比例定数 β を計算すれば, 元のデータの物理量で, 機能の優劣を比較, 評価することも可能である.

5.4.7 評価特性の分類とSN比

前項までに, パラメータ設計の中心となる動特性のSN比について, 計算例

を交えて説明した．本項では，静特性も含めた評価特性の分類と評価特性に応じた SN 比の考え方について説明する．

システムの機能を評価するための特性にはさまざまなものがあるが，それらは，図 5-10 に示したように，動特性と静特性に大別される．さらに，動特性は，ゼロ点比例式と基準点比例式に分類され，静特性は，望小特性，望大特性，望目特性，およびゼロ望目特性に分類される．したがって，これらの特性に応じて，SN 比も使い分ける必要がある．ただし，5.4.2 項で説明したように，パラメータ設計では，機能をエネルギーの変換として考えるため，システムの特性を動特性で定義し，動特性の SN 比で評価することが理想である．

以下，評価特性の分類に対応した，SN 比の考え方と適用例についてまとめる．また，2000 年以降，広く活用されるようになってきた，新しい SN 比の形態である標準 SN 比についても説明する．

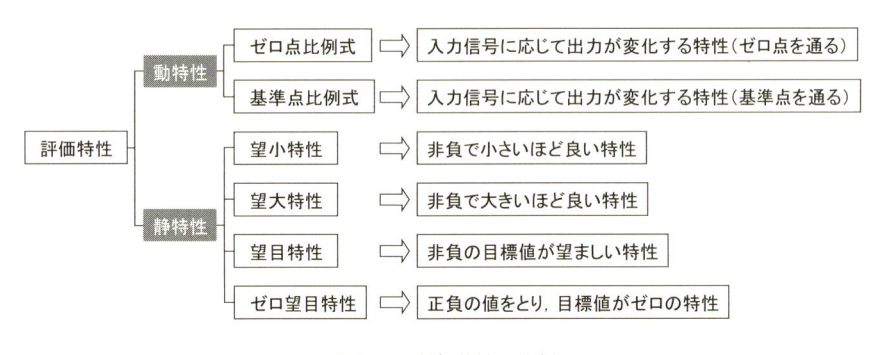

図 5-10 評価特性の分類

(1) 動特性の SN 比

表 5-4 に動特性における評価特性の分類と，それに対応した SN 比の考え方と適用例をまとめた．詳細については，参考文献[5]を参照されたい．

表 5-4 の**基準点比例式**（reference-point proportional dynamic characteristic）は，ゼロ点比例式とは異なり，座標上のゼロ点を通過しない特性の評価に適用される．たとえば，測定器などで，ゼロ点がずれても簡単に補正できるシステムは，基準点比例式で評価することが多い．

5.4 機能性の測度 SN 比

表 5-4 動特性における評価特性の分類と SN 比

評価特性の分類		SN比の考え方	適用例
動特性	ゼロ点比例式	入力信号に応じて出力が変化する特性（ゼロ点を通る）	SN比 $\eta = 10\log\dfrac{\beta^2}{\sigma^2}$ 感 度 $S = 10\log \beta^2$ ― σ^2 に含まれるばらつき ― ・直線からのずれ ・誤差条件 N_1, N_2 間の差	・ブレーキシステム ・クラッチシステム ・加速度センサー ・圧電素子 ・DCモータ
	基準点比例式	入力信号に応じて出力が変化する特性（基準点を通る）	SN比 $\eta = 10\log\dfrac{\beta^2}{\sigma^2}$ 感 度 $S = 10\log \beta^2$ ― σ^2 に含まれるばらつき ― ・直線からのずれ ・誤差条件 N_1, N_2 間の差	・原点補正が容易な計測器 ・セット荷重のあるスプリング

　また，スプリングの機能は，たわみに応じた反力を発生することであり，フックの法則 $F = kx$ をゼロ点比例式で評価することが基本である．しかし，自動車のサスペンションに用いるコイルスプリングなどで，あらかじめ荷重（セット荷重）を与え，たわませた状態で使用する場合は，セット荷重を与えた点を基準点とした基準点比例式で評価する．

(2) 静特性の SN 比

　表 5-5 に静特性における評価特性の分類と，それに対応した SN 比の考え方と適用例をまとめた．一般的には，静特性の SN 比による評価は推奨されないが，計測技術の制約などから静特性の SN 比を用いる場合がある．たとえば，本来は入力となる信号因子を 1 水準に固定して評価した場合や振動，騒音などの弊害項目を評価した場合などである．

　表 5-5 において，**望小特性**（smaller-the-better characteristic）は，振動，騒音，発熱や有害物質の濃度など，小さいほうが良い特性であり，弊害項目を評価する場合などに適用される．ただし，弊害項目を最小化できても，機能性が改善されているとは限らない．本来は，機能性の改善を通じて，さまざまな弊害項目の低減を図ることが重要である．

　次に，**望大特性**（larger-the-better characteristic）は，強度や剛性など，大きいほうが良い特性であり，物性評価などに適用される．ただし，引張強度やせん

表 5-5 静特性における評価特性の分類と SN 比

評価特性の分類			SN比の考え方	適用例
静特性	望小特性	非負で小さいほど良い特性	ばらつきを抑えて平均値を下げたい SN比 $\eta = -10\log\frac{1}{n}(y_1^2 + y_2^2 + \cdots + y_n^2)$	・振動・騒音レベル ・発熱 ・摩耗量 ・消費電力 ・有害物質濃度
	望大特性	非負で大きいほど良い特性	ばらつきを抑えて、平均値を上げたい SN比 $\eta = -10\log\frac{1}{n}(\frac{1}{y_1^2} + \frac{1}{y_2^2} + \cdots + \frac{1}{y_n^2})$	・強度 ・収量
	望目特性	非負の目標値が望ましい特性	ばらつきを抑えて、出力を目標値に合わせたい SN比 $\eta = 10\log\frac{m^2}{\sigma^2}$ 感度 $S = 10\log m^2$	目標値のある ・寸法 ・硬度 ・濃度 ・抵抗値
	ゼロ望目特性	正負の値をとり目標値がゼロの特性	ばらつきを抑えて、出力をゼロに合わせたい SN比 $\eta = -10\log\sigma^2$ 感度 $S = m$(平均値)	ゼロが望ましい ・反り量 ・段差

断強度などの破壊特性は，材料に要求される本来の機能ではない．そのため，パラメータ設計における物性評価では，材料の弾性変形域に着目し，荷重 F とたわみ x の関係 $F = kx$（フックの法則）を動特性で評価することが推奨される．

最後に，**望目特性**（nominal-the-better characteristic）とは，寸法，硬度，濃度など，ある目標値が望ましい特性である．このうち，材料成形時の反り量や段差など，特性値が正負の値をとる特性を**ゼロ望目特性**（zero nominal-the-better characteristic）と呼ぶ．ただし，寸法にしても，硬度や濃度にしても，将来を見越した多様な製品群を考えた場合，さまざまな目標値に対応できる設計技術や生産技術を確立することが理想であり，目標値を 1 点に固定した評価は，結果の汎用性の面で問題が残る．したがって，出力の目標値を固定せず，出力をコントロールできるような入力との関係を動的に定義し，動特性として評価することが望ましい．たとえば，NC マシンの加工条件の最適化では，さまざまな寸法に加工できることが理想であり，図 5-11 のように，NC マシンに対する加

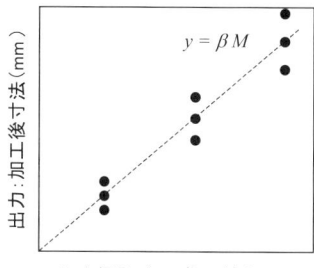

図 5-11　NC マシンの加工条件の評価

工指示値を入力信号，加工後の寸法を出力とし，両者の入出力関係を動特性として評価することが一般的である．

　ここで，感度について補足説明する．SN 比は出力の安定性の測度であり，出力の平均的な大きさを表す感度とセットで用いる必要がある．このため，動特性と望目特性には，SN 比と感度の計算式が与えられる．しかし，望小特性と望大特性では感度を計算しない．これは，表 5-5 に示した計算式からも明らかなように，望小特性と望大特性の SN 比は，安定性と平均値を同時に評価しているためである．すなわち，望小特性の SN 比は，データのゼロからの偏差の自乗和を計算しており，SN 比が大きいということは，データの平均値がゼロに近く，なおかつ安定していることを示す．また，望大特性の SN 比は，データの無限大からの偏差の自乗和を計算しており，SN 比が大きいということは，データの平均値が大きく，なおかつ安定していることを示す．

(3) 標準 SN 比

　2000 年以降，**標準 SN 比**（standardized S/N ratio）という考え方が提案され，広く活用されるようになってきている．ここでは，標準 SN 比の概念と計算方法，さらには，直交展開を用いた目標値へのチューニングについて説明する．

(a) 標準 SN 比の概念

　標準 SN 比とは，図 5-12 のように，標準条件における出力を信号因子とし，さまざまな誤差条件における出力との関係を動特性として評価する方法である．ここで，標準条件とは，取り上げた誤差因子が全て標準的な水準となる条件であり，温度に関しては常温，劣化に関しては新品，製造ばらつきに関

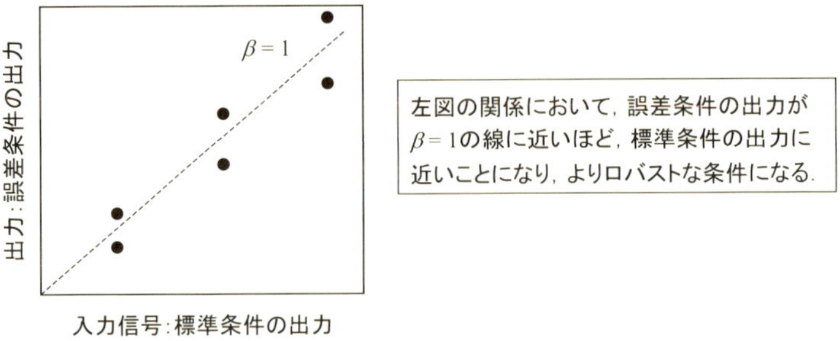

図5-12 標準SN比の概念

しては全て設計中央値となる条件を意味する．したがって，さまざまな誤差条件における出力の値が，標準条件の出力値に近いほど，ノイズに対してロバストな条件であり，標準SN比も大きくなる．

標準SN比の分母の誤差成分には，5.4.4項で説明した，誤差の主効果 $S_{\beta \times N}$（ノイズによる比例定数 β のばらつき）のみが含まれ，誤差変動 S_e（入出力関係における非線形成分）は含まれない．すなわち，標準SN比を用いた新しい二段階設計法は，第一段階では，純粋にノイズによる出力のばらつきのみを評価し，入出力関係の非線形性については，第二段階の調整問題として扱うことが大きな特徴である．

(b) 標準SN比の計算

標準SN比を求めるには，動特性のSN比を求めるときと同様に，さまざまな誤差条件の下で，入出力関係のデータを取得する必要がある．ただし，標準SN比の計算においては，表5-6に示したように，$N_1, N_2, N_3, \ldots$ という各誤差条件の出力データに加えて，標準条件 N_0 における出力データを測定する必要がある．このデータ表から，以下の手順で標準SN比を計算する．

全変動： $S_T = y_{11}^2 + y_{12}^2 + \cdots + y_{nk}^2 \quad (f = nk)$ (5-50)

有効除数： $r = y_{01}^2 + y_{02}^2 + \cdots + y_{0k}^2$ (5-51)

線形式： $L_1 = y_{01}y_{11} + y_{02}y_{12} + \cdots + y_{0k}y_{1k}$ (5-52)

$L_2 = y_{01}y_{21} + y_{02}y_{22} + \cdots + y_{0k}y_{2k}$ (5-53)

$\vdots$

$L_n = y_{01}y_{n1} + y_{02}y_{n2} + \cdots + y_{0k}y_{nk}$ (5-54)

表 5-6 標準 SN 比計算のための測定データ

誤差条件	信号因子（入力）			
	M_1	M_2	$\cdots$	M_k
N_0（標準条件）	y_{01}	y_{02}	$\cdots$	y_{0k}
N_1	y_{11}	y_{12}	$\cdots$	y_{1k}
N_2	y_{21}	y_{22}	$\cdots$	y_{2k}
$\vdots$	$\vdots$	$\vdots$	$\cdots$	$\vdots$
N_n	y_{n1}	y_{n2}	$\cdots$	y_{nk}

＊y は各信号因子，誤差条件下での出力の測定結果

比例項の変動： $S_\beta = \dfrac{(L_1 + L_2 + \cdots + L_n)^2}{nr} \quad (f=1)$ (5-55)

誤差の主効果を含む誤差変動： $S_N = S_T - S_\beta \quad (f = nk-1)$ (5-56)

誤差の主効果を含む誤差分散： $V_N = \dfrac{S_N}{nk-1}$ (5-57)

標準 SN 比 η は次式により求める．

$\eta = 10 \log \dfrac{nr}{V_N} \quad$ (db) (5-58)

以上より，標準 SN 比の分母の誤差分散 V_N は，誤差条件 $N_1 \sim N_n$ の出力のばらつきを表す．一般に，誤差条件 $N_1 \sim N_n$ の出力は，標準条件 N_0 の出力を中心として，その前後にばらつくため，誤差分散 V_N の値が小さくなるほど，各誤差条件の出力は標準条件の出力に近づく．一方，分子の nr は，標準条件における出力の大きさに相当する．したがって，標準 SN 比とは，標準条件の出力の大きさを基準とした誤差分散 V_N による評価測度と考えることができる．

(c) 直交展開を用いた目標値へのチューニング

パラメータ設計では，第一段階で，SN 比を用いてノイズに対する出力の安定性を評価し，機能性に関する最適条件を決定する．次に，第二段階では，最適条件における標準条件の出力が目標値に一致するようにチューニングを行う．なお，標準 SN 比を用いたパラメータ設計では，入出力の比例関係が SN 比では評価されないため，第二段階で，比例定数 β のチューニングとと

もに，入出力関係の線図を理想関係（多くの場合は比例関係）にチューニングしなければならない．したがって，入出力関係における比例定数と入出力関係の理想関係からのずれの大きさを表す測度が必要になる．そこで，標準 SN 比で機能性の最適条件を求めた後には，出力の目標値と標準条件の出力の関係を表 5-7 のように整理し，両者の関係に直交展開を適用することにより，1 次項 β_1 と 2 次項 β_2 を計算する．ここで，1 次項 β_1 は比例定数の大きさであり，感度に相当する．また，2 次項 β_2 は 2 次の非線形項の大きさであり，入出力関係の理想関係からのずれの大きさに相当する．以上より，図 5-13 の関係において，1 次項 $\beta_1=1$，2 次項 $\beta_2=0$ になれば，最適条件の出力が目標値に完全に一致したと判断できる．このように，標準 SN 比を用いて，システムの最適化を行った後には，この 1 次項 β_1 と 2 次項 β_2 を用いて，目標値へのチューニングを行う．なお，一般に，3 次項以上の高次項の影響は微小であり，無視することが多いが，無視できない場合は，3 次項 β_3 のチューニングも同時に行う．

直交展開に関する数理の詳細については参考文献[6]，1 次項 β_1 と 2 次項 β_2

表 5-7 出力の目標値と標準条件における出力

	信号因子（入力）			
	M_1	M_2	...	M_k
出力の目標値	m_1	m_2	...	m_k
標準条件における出力	y_1	y_2	...	y_k

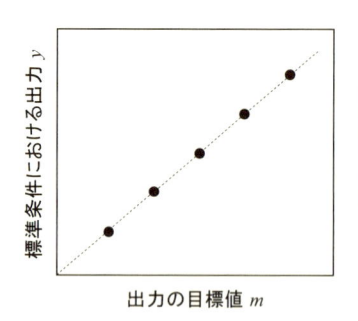

左図のように，標準条件の出力が目標値に一致すれば，直交展開により計算した，1次項 β_1 は 1，2次項 β_2 は 0 になる．

図 5-13 出力の目標値と標準条件における出力の関係

を用いた具体的なチューニング手順については，参考文献[7]を参照されたい．以下，表 5-7 のデータから，1 次項 β_1 と 2 次項 β_2 を計算する手順について説明する．標準 SN 比を用いたシステムの最適化プロセスでは，感度 S の代わりに，この 1 次項 β_1 と 2 次項 β_2 を計算し，目標値へのチューニングを行う．

目標値の自乗和：

$$S_2 = m_1^2 + m_2^2 + \cdots + m_k^2 \tag{5-59}$$

目標値の 3 乗和：

$$S_3 = m_1^3 + m_2^3 + \cdots + m_k^3 \tag{5-60}$$

目標値の 4 乗和：

$$S_4 = m_1^4 + m_2^4 + \cdots + m_k^4 \tag{5-61}$$

1 次項の線形式：

$$L_1 = m_1 y_1 + m_2 y_2 + \cdots + m_k y_k \tag{5-62}$$

2 次項の線形式：

$$L_2 = \left(m_1^2 - \frac{S_3}{S_2} m_1 \right) y_1 + \left(m_2^2 - \frac{S_3}{S_2} m_2 \right) y_2 + \cdots + \left(m_k^2 - \frac{S_3}{S_2} m_k \right) y_k \tag{5-63}$$

1 次項 β_1：

$$\beta_1 = \frac{L_1}{S_2} \tag{5-64}$$

2 次項 β_2：

$$\beta_2 = \frac{L_2}{S_4 - \frac{S_3^2}{S_2}} \tag{5-65}$$

5.5 パラメータ設計における直交表

本節では，パラメータ設計における直交表の目的と，直交表を用いた実験結果から最適条件を選定する手順について説明する．

5.5.1 パラメータ設計における直交表の目的

機能性の評価では，図 5-3 の P-ダイアグラムにおいて，システムの左右に配した入力と出力の関係に着目した．これに対して，入出力関係の安定性を改善するには，システムの上下に配した，誤差因子と制御因子の関係が重要になる．ただし，設計者は誤差因子をコントロールすることはできないため，機能性向上の手段は，制御因子の選定と水準設定に限られる．すなわち，パラメータの非線形性を利用し，誤差因子の影響を受けにくい領域に，制御因子の水準を設定しなければならない．したがって，機能性向上のためには，より多くの制御因子を取り上げ，誤差因子の影響を減衰させる必要がある．以上の理由から，パラメータ設計においても，より多くの制御因子を効率的に評価するために直交表を利用する．

たとえば，美味しいコーヒーを入れるために，豆の種類，豆の煎り方，水の種類，抽出時間など合計 8 つの制御因子を取り上げた実験を例に考える．豆の種類を 2 水準，他の 7 因子を 3 水準に設定した場合，これらの因子を多元配置（全組合せ）で実験するには，$2 \times 3^7 = 4374$ 回の実験が必要になる．すなわち，いろいろな条件でコーヒーを 4374 回抽出し，4374 回の試飲を行わなければならない．一方，これらの因子を直交表 L_{18} にわりつければ，図 5-14 に示したように，18 回の実験で全因子の効果を評価することが可能になる．

以上の内容は，基本的には，第 4 章で説明した実験計画法における直交表の利用目的と共通である．これに加え，パラメータ設計においては，下流条件における**再現性**（reproducibility）の確保が直交表を利用する重要な目的になる．下流条件とは，実際の市場や量産工程を意味する．そして，実験室やテスト工程で選定した最適条件が，このような下流条件でも成立した場合に，下流条件における再現性があるという．一般に，パラメータ設計は，研究，開発段階で適用されるため，下流条件における再現性の確保が重要となる．

5.5 パラメータ設計における直交表　187

美味しいコーヒーを入れるための制御因子

制御因子	水準1	水準2	水準3
A：豆の種類	モカ	コロンビア	—
B：豆の煎り方	浅	中	深
C：豆の挽き方	粗	中	細
D：水の種類	水道水	浄水	天然水
E：・	1	2	3
F：・	1	2	3
G：・	1	2	3
H：・	1	2	3

上記制御因子の全組合せは、4374 通りになるが、直交表 L_{18} にわりつければ、18 回の実験で済む．

直交表 L_{18} へのわりつけ

実験No.	豆の種類	煎り方	挽き方	水の種類	E	F	G	H
1	モカ	浅	粗	水道水	1	1	1	1
2	モカ	浅	中	浄水	2	2	2	2
3	モカ	浅	細	天然水	3	3	3	3
4	モカ	中	粗	水道水	2	2	3	3
5	モカ	中	中	浄水	3	3	1	1
6	モカ	中	細	天然水	1	1	2	2
7	モカ	深	粗	浄水	1	3	2	3
8	モカ	深	中	天然水	2	1	3	1
9	モカ	深	細	水道水	3	2	1	2
10	コロンビア	浅	粗	天然水	3	2	2	1
11	コロンビア	浅	中	水道水	1	3	3	2
12	コロンビア	浅	細	浄水	2	1	1	3
13	コロンビア	中	粗	浄水	3	1	3	2
14	コロンビア	中	中	天然水	1	2	1	3
15	コロンビア	中	細	水道水	2	3	2	1
16	コロンビア	深	粗	天然水	2	3	1	2
17	コロンビア	深	中	水道水	3	2	2	3
18	コロンビア	深	細	浄水	1	2	3	1

図 5-14　直交表実験のメリット（実験の効率化）

次に，直交表実験により選定した最適条件が，下流条件において高い再現性を有する理由について説明する．

図 5-15 に示したように，たとえば，直交表 L_{18} の 1 列目にわりつけた因子 A

直交表 L_{18}

実験No.	A	B	C	D	E	F	G	H
1	1	1	1	1	1	1	1	1
2	1	1	2	2	2	2	2	2
3	1	1	3	3	3	3	3	3
4	1	2	1	1	2	2	3	3
5	1	2	2	2	3	3	1	1
6	1	2	3	3	1	1	2	2
7	1	3	1	2	1	3	2	3
8	1	3	2	3	2	1	3	1
9	1	3	3	1	3	2	1	2
10	2	1	1	3	3	2	2	1
11	2	1	2	1	1	3	3	2
12	2	1	3	2	2	1	1	3
13	2	2	1	2	3	1	3	2
14	2	2	2	3	1	2	1	3
15	2	2	3	1	2	3	2	1
16	2	3	1	3	2	3	1	2
17	2	3	2	1	3	2	2	3
18	2	3	3	2	1	2	3	1

制御因子 A に着目してみる
因子 A が第 1 水準のとき，
他の因子（B〜H）の水準はいろいろと変化する．
これは，第 2 水準でも全く同様．
他の因子の水準の出現回数は一定（3 回）のため，純粋に因子 A の主効果が評価できる．

他の因子の水準にかかわらず，一貫した効果を持つロバストな水準で最適条件が決定される．

図 5-15　直交表実験のメリット（下流条件における再現性の確保）

の水準を決定するには，直交表の上半分（No.1～No.9：第1水準）のデータと下半分（No.10～No.18：第2水準）のデータの平均値どうしを比較する．このとき，上下の両条件では，他の因子（B～H）の水準がいろいろと変化しているため，他の因子の水準が変わっても，一定の効果を持つ因子のみが有効であると評価される．これにより，直交表実験により選定された最適条件は，さまざまな条件の変化が想定される下流条件においても高い再現性が期待できる．

なお，直交表の詳細については，第4章と参考文献[8]を参照されたい．

5.5.2 要因効果図の作成と最適条件の選定

パラメータ設計では，より多くの制御因子を評価するため，直交表に制御因子をわりつけて実験を行う．たとえば，直交表 L_{18} であれば，8つの制御因子を直交表にわりつけ，合計18回の実験を行う．そこで得られたデータから，図5-16のように，18条件ごとのSN比と感度を計算する．さらに，これら18条件のSN比と感度から要因効果図（各因子のSN比と感度に対する影響度を定量化したグラフ）を作成し，その結果をもとに最適条件を決定する．本項では，要因効果図の作成手順と最適条件を選定する際の基本的な考え方について説明する．

(1) 要因効果図の作成

ここでは，図5-16に示す直交表 L_{18} にわりつけた因子 D を例に，要因効果図の作成手順を説明する．なお，因子 D は直交表 L_{18} の第4列にわりつけられている．

直交表 L_{18} の18通りの実験組合せから，因子 D の第1水準，第2水準，第3水準を含むそれぞれ6つのSN比について，水準別平均を計算する．次に，その結果を折れ線グラフにプロットし，SN比に関する因子 D の要因効果図を得る．このように，要因効果をグラフ化することにより，SN比に対する因子 D の効果の大きさや傾向を視覚化することができる．

ここで，因子 D のように，水準によってSN比の数値が変化する因子は，水準によってノイズの影響度合いが変化する非線形のパラメータである（5.3.4項参照）．このような非線形のパラメータの水準を，ノイズの影響を受けにくい水準に設定し，ロバストな設計条件を選定することがパラメータ設計の狙いで

単位 db

	A	B	C	D	E	F	G	H	SN比	感度
1	1	1	1	1	1	1	1	1	20.56	2.36
2	1	1	2	2	2	2	2	2	31.07	1.04
3	1	1	3	3	3	3	3	3	35.90	3.66
4	1	2	1	1	2	2	3	3	17.43	1.58
5	1	2	2	2	3	3	1	1	32.90	0.20
6	1	2	3	3	1	1	2	2	37.61	2.95
7	1	3	1	2	1	3	2	3	28.11	-5.37
8	1	3	2	3	2	1	3	1	38.17	-6.67
9	1	3	3	1	3	2	1	2	27.81	12.56
10	2	1	1	3	3	2	2	1	41.09	-6.50
11	2	1	2	1	1	3	3	2	33.50	6.38
12	2	1	3	2	2	1	1	3	35.10	13.73
13	2	2	1	2	3	1	3	2	36.53	-3.72
14	2	2	2	3	1	2	1	3	36.98	-0.70
15	2	2	3	1	2	3	2	1	35.77	15.71
16	2	3	1	3	2	3	1	2	38.07	-6.80
17	2	3	2	1	3	1	2	3	30.54	6.78
18	2	3	3	2	1	2	3	1	40.34	7.10

① 因子 D の SN比の水準別平均を計算

$\overline{D_1} = (20.56+17.43+27.81+33.50+35.77+30.54)/6$
$= 27.60$

$\overline{D_2} = (31.07+32.90+28.11+35.10+36.53+40.34)/6$
$= 34.01$

$\overline{D_3} = (35.90+37.61+38.17+41.09+36.98+38.07)/6$
$= 37.97$

② 水準別平均を折れ線グラフにプロット

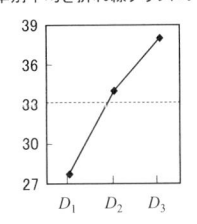

図 5-16 SN 比および感度に関する要因効果図の作成方法

ある．したがって，パラメータ設計においては，因子 D の設計値を，SN 比が最大になる第 3 水準に設定する．

以下，因子 D と同様に，全因子について SN 比および感度の水準別平均を計算し，図 5-17 に示す要因効果図を作成する．ここで，直交表を用いた実験では，4.3.2 項で説明したように，取り上げた因子どうしが直交しているため，ある因子が他の因子の効果測定に影響を及ぼさない．この性質により，算出した SN 比および感度の水準別平均から，因子ごとの要因効果を求めることが可能になる．

(2) 最適条件の選定

パラメータ設計では，機能性の測度として SN 比，出力の大きさの測度として感度を用いる．したがって，図 5-17 に示した SN 比と感度の要因効果図から，機能性の最適条件を決定する．ここでは，最適条件を選定する際の基本的な考え方について説明する．

最適条件の選定においては，まず，機能性の向上を優先し，SN 比の高い水準組合せにより最適条件を構成する．次に，SN 比への影響が小さく感度に影響の大きい因子を用いて，感度を目標値に調整する．ここで，これらの因子は，

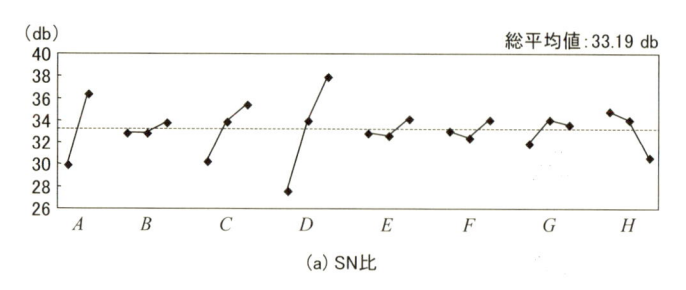

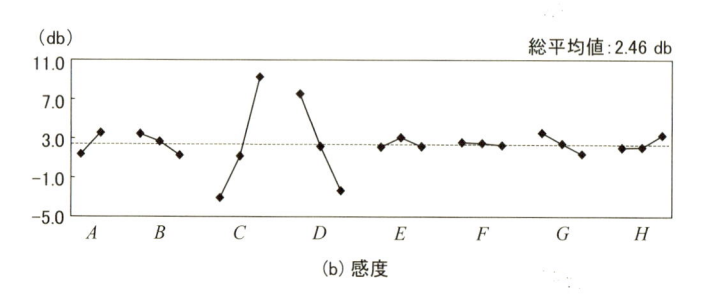

図 5-17 SN 比および感度の要因効果図

感度が大きいほうが良い場合には,感度が最大になる水準を選定し,逆に感度が小さいほうが良い場合には,感度が最小になる水準を選定する.最後に,必要に応じて,コストや生産性などの制約条件を加味して,最終的な選定条件を決定する.

5.6 パラメータ設計の実施手順

前節までに,パラメータ設計の中心となる,機能性評価,SN 比,直交表について,基本的な定義や考え方を説明した.本節では,パラメータ設計の全般に対する理解を深めるため,実際の事例[9]をベースにパラメータ設計の実施手順を説明する.

(1) 開発目標の明確化

5.4.6 項で,自動車のパワーウィンドウを駆動する小型直流モータについて,A 社製品と B 社製品の機能性評価を実施し,SN 比と感度を計算した結果は表 5-8 のようであった.

表 5-8　A 社製品と B 社製品の SN 比，感度

単位：db

	SN比	感度
A社製品	−18.00	−14.00
B社製品	−12.53	−13.34
A社製品−B社製品	−5.47	−0.66

この結果，A 社製品は B 社製品に対して SN 比で 5.47db，感度で 0.66db 劣っていることが確認された．こうした結果を受けて，A 社は，パラメータ設計を適用し，B 社製品の性能を凌駕する小型直流モータを開発するという目標をたてた．

(2) 機能性の定義

これまでのモータ開発においては，モータ効率などの品質特性や振動，騒音などの弊害項目を評価，改善することが多かった．これに対して，今回は，モータの機能に着目し，機能性の評価，改善に取り組むことにした．ここで，モータの機能は，図 5-18 に示したように，電力を動力に変換することである．したがって，モータの機能性を，さまざまなノイズに対する電力と動力の入出力関係の安定性と定義した．この機能性の高さに加えて，エネルギー変換効率に相当する入出力関係の比例定数 β が大きいことが理想である．

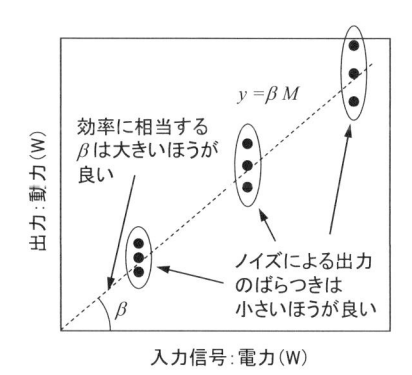

図 5-18　小型直流モータの機能性

(3) 因子と水準の決定と直交表へのわりつけ

まず,機能の定義から,入力となる信号因子は電力であり,60,90,120W の 3 水準に設定した.次に,機能の安定性を阻害する誤差因子として環境温度を取り上げ,常温(20℃)と高温(80℃)の 2 水準に設定した.これは,高温環境下では,小型直流モータの効率が低下するためである.さらに,機能性向上の手段となる制御因子には,モータを構成する設計パラメータから,特に重要と考えられる 8 因子を取り上げた.

取り上げた因子と水準を表 5-9 に示す.ここに示した制御因子を直交表 L_{18} にわりつけ,18 仕様のモータを試作して機能性を評価した.

表 5-9 因子と水準

	因子		水準		
			1	2	3
制御因子	A	ホルダーベース固定方法	現行	リジッド	—
	B	板バネ厚さ	薄	中	厚
	C	ステータ形状	形状1	形状2	形状3
	D	ロータスリット幅	小	中	大
	E	ギアケース同軸度	形状1	形状2	形状3
	F	マグネット内側曲率半径	小	中	大
	G	コアスキュー	形状1	形状2	形状3
	H	コア板厚	薄	中	厚
信号	M	電力(W)	60	90	120
誤差	I	環境温度(℃)	20		80

(4) SN 比および感度の計算と最適条件の決定

ここでは,機能性を評価した測定データから SN 比と感度を計算し,最適条件を決定するまでの一連の手順について説明する.

(a) SN 比および感度の計算

直交表 L_{18} の No.1 条件の測定データを表 5-10 に示す.

表 5-10 のデータを用いて,SN 比と感度を計算すると次のようになる.

$$S_T = y_{11}^2 + y_{12}^2 + \cdots + y_{23}^2$$
$$= 13.99^2 + 23.03^2 + \cdots + 28.32^2 = 3153.2723 \quad (f = 6) \tag{5-66}$$

5.6 パラメータ設計の実施手順　　193

表 5-10　直交表 L_{18} における No.1 の測定データ

	信号因子：電力(W)		動力(単位：W)
誤差条件	60	90	120
N_1(常温 20℃)	13.99	23.03	32.28
N_2(高温 80℃)	13.11	20.28	28.32

$$r = M_1^2 + M_2^2 + M_3^2$$
$$= 60^2 + 90^2 + 120^2 = 26100 \tag{5-67}$$

$$L_1 = M_1 y_{11} + M_2 y_{12} + M_3 y_{13}$$
$$= 60 \times 13.99 + 90 \times 23.03 + 120 \times 32.28 = 6785.70 \tag{5-68}$$

$$L_2 = M_1 y_{21} + M_2 y_{22} + M_3 y_{23}$$
$$= 60 \times 13.11 + 90 \times 20.28 + 120 \times 28.32 = 6010.20 \tag{5-69}$$

$$S_\beta = \frac{(L_1 + L_2)^2}{nr}$$
$$= \frac{(6785.7 + 6010.2)^2}{2 \times 26100} = 3136.6869 \quad (f = 1) \tag{5-70}$$

$$S_{\beta \times N} = \frac{L_1^2 + L_2^2}{r} - S_\beta = \frac{(L_1 - L_2)^2}{nr}$$
$$= \frac{(6785.7 - 6010.2)^2}{2 \times 26100} = 11.5210 \quad (f = 1) \tag{5-71}$$

$$S_e = S_T - S_\beta - S_{\beta \times N}$$
$$= 3153.2723 - 3136.6869 - 11.5210 = 5.0644 \quad (f = 4) \tag{5-72}$$

$$V_e = \frac{S_e}{4} = \frac{5.0644}{4} = 1.2611 \tag{5-73}$$

$$S_N = S_e + S_{\beta \times N}$$
$$= 5.0644 + 11.5210 = 16.5854 \quad (f = 5) \tag{5-74}$$

$$V_N = \frac{S_N}{5} = \frac{16.5854}{5} = 3.3171 \tag{5-75}$$

SN比：

$$\eta = 10 \log \dfrac{\dfrac{1}{2r}\left(S_\beta - V_e\right)}{V_N}$$

$$= 10 \log \dfrac{\dfrac{1}{2\times 26100}(3136.6869 - 1.2611)}{3.3171}$$

$$= -17.42 \quad (\mathrm{db}) \tag{5-76}$$

感度：

$$S = 10 \log \dfrac{1}{2r}\left(S_\beta - V_e\right)$$

$$= 10 \log \dfrac{1}{2\times 26100}(3136.6869 - 1.2611)$$

$$= -12.21 \quad (\mathrm{db}) \tag{5-77}$$

同様に，実験 No.2〜No.18 の SN 比と感度を計算し，結果を表 5-11 に示し

表 5-11 直交表 L_{18} へのわりつけと SN 比と感度の計算結果

$L_{18}(2^1 \times 3^7)$

列番 No.	1 A	2 B	3 C	4 D	5 E	6 F	7 G	8 H	SN比 (db)	感度 (db)
1	1	1	1	1	1	1	1	1	−17.42	−12.21
2	1	1	2	2	2	2	2	2	−20.60	−13.59
3	1	1	3	3	3	3	3	3	−13.94	−12.08
4	1	2	1	1	2	2	3	3	−14.97	−12.88
5	1	2	2	2	3	3	1	1	−20.47	−13.50
6	1	2	3	3	1	1	2	2	−13.53	−11.96
7	1	3	1	2	1	3	2	3	−17.37	−12.67
8	1	3	2	3	2	1	3	1	−18.77	−13.32
9	1	3	3	1	3	2	1	2	−20.53	−13.97
10	2	1	1	3	3	2	2	1	−22.62	−13.93
11	2	1	2	1	1	3	3	2	−17.50	−13.25
12	2	1	3	2	2	1	1	3	−19.99	−12.52
13	2	2	1	2	3	1	3	2	−16.93	−12.71
14	2	2	2	3	1	2	1	3	−21.52	−13.11
15	2	2	3	1	2	3	2	1	−16.89	−13.43
16	2	3	1	3	2	3	1	2	−20.23	−13.57
17	2	3	2	1	3	1	2	3	−14.18	−12.44
18	2	3	3	2	1	2	3	1	−20.76	−13.47
総平均									−18.23	−13.03

た.

(b) 要因効果図の作成と最適条件の決定

表 5-11 の SN 比と感度から，5.5.2 項の手順に基づき SN 比と感度の水準別平均を計算し，結果を表 5-12 に示した．

次に，表 5-12 の SN 比と感度の水準別平均から，図 5-19 に示す要因効果図を作成した．

図 5-19 の要因効果図を見ると，SN 比が高い水準では，感度も高くなっており，エネルギー変換が安定すれば，効率も向上することがわかる．これより，最適条件は，SN 比が最大になる水準組合せである，$A_1 B_2 C_3 D_1 E_2 F_1 G_3 H_3$ に決定した．ただし，因子 E については，コストの制約から第 2 水準を選定した．ここで，アルファベットは因子を示し，添え字は因子の水準を示す．

一方，A 社の現行条件の水準組合せは，$A_1 B_2 C_1 D_3 E_2 F_1 G_1 H_1$ である．最適条件と比較すると，因子 G と H の水準が，SN 比，感度ともに不利な水準に設定されていたことがわかる．

(5) SN 比および感度の推定と再現性の確認

ここでは，(4)で決定した最適条件と現行条件の SN 比および感度の推定値を計算する．さらに，最適条件と現行条件で確認実験を行い，SN 比と感度の再現性をチェックし，下流工程における再現性を確認する手順について説明する．

(a) SN 比および感度の推定

直交表実験では，各因子が直交しているため，各因子の SN 比と感度に対

表 5-12 SN 比と感度の水準別平均

(a) SN比の水準別平均

単位：db

因子	第1水準	第2水準	第3水準
A	−17.51	−18.96	—
B	−18.68	−17.39	−18.64
C	−18.26	−18.84	−17.61
D	−16.91	−19.35	−18.44
E	−18.02	−18.57	−18.11
F	−16.80	−20.17	−17.73
G	−20.03	−17.53	−17.15
H	−19.49	−18.22	−17.00

(b) 感度の水準別平均

単位：db

因子	第1水準	第2水準	第3水準
A	−12.91	−13.16	—
B	−12.93	−12.93	−13.24
C	−13.00	−13.20	−12.91
D	−13.03	−13.08	−13.00
E	−12.78	−13.22	−13.11
F	−12.53	−13.49	−13.08
G	−13.15	−13.00	−12.95
H	−13.31	−13.18	−12.62

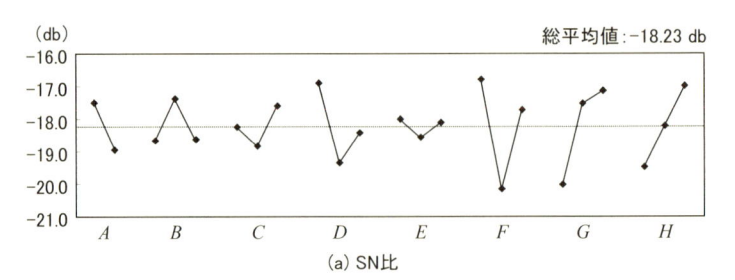

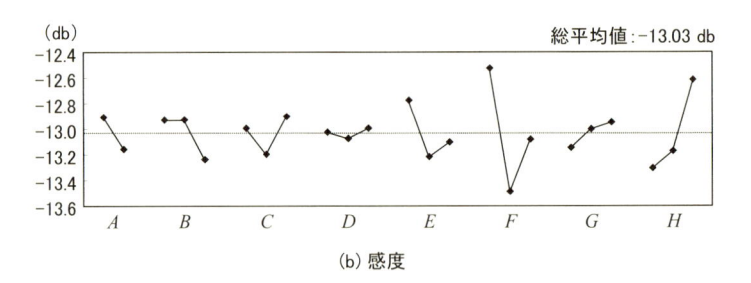

図 5-19 SN 比と感度の要因効果図

する効果を，図 5-19 の要因効果図のように分解できる．このように分解した各因子の効果を，SN 比と感度の総平均に加算することにより，各条件の SN 比と感度を推定することができる．すなわち，SN 比と感度の推定値を，次のように算出する．

(SN 比の推定値) = (SN 比の総平均) + (因子 A の効果) + (因子 B の効果) + …
(感度の推定値) = (感度の総平均) + (因子 A の効果) + (因子 B の効果) + …

たとえば，最適条件 $(A_1 \ B_2 \ C_3, D_1 \ E_2 \ F_1 \ G_3 \ H_3)$ の SN 比の推定値 η_{optimal} は，次式で算出する．

$$\begin{aligned}
\eta_{\text{optimal}} &= (\text{SN比の総平均}\overline{T}) + (\overline{A_1} - \overline{T}) + (\overline{B_2} - \overline{T}) + \cdots + (\overline{H_3} - \overline{T}) \\
&= -18.23 + (-17.51 + 18.23) + (-17.39 + 18.23) + \cdots + (-17.00 + 18.23) \\
&= -11.29 \quad (\text{db}) \tag{5-78}
\end{aligned}$$

式 (5-78) では，$\overline{A_1}$ は因子 A の第 1 水準に対する SN 比の水準別平均を表し，$B \sim H$ についても，添え字の水準の SN 比に関する水準別平均を表す．

また，最適条件 $(A_1 \ B_2 \ C_3 \ D_1 \ E_2 \ F_1 \ G_3 \ H_3)$ の感度の推定値 S_{optimal} は，次式で算出する．

$$S_{\text{optimal}} = (感度の総平均\overline{T}) + (\overline{A_1} - \overline{T}) + (\overline{B_2} - \overline{T}) + \cdots + (\overline{H_3} - \overline{T})$$
$$= -13.03 + (-12.91 + 13.03) + (-12.93 + 13.03) + \cdots + (-12.62 + 13.03)$$
$$= -11.85 \quad (\text{db}) \tag{5-79}$$

式 (5-79) では,$\overline{A_1}$ は因子 A の第 1 水準に対する感度の水準別平均を表し,B~H についても,添え字の水準の感度に関する水準別平均を表す.

同様に,現行条件,$A_1 B_2 C_1 D_3 E_2 F_1 G_1 H_1$ の SN 比と感度の推定値を算出すると,次のようになる.

$$\eta_{\text{current}} = -18.84 \quad (\text{db}) \tag{5-80}$$
$$S_{\text{current}} = -12.80 \quad (\text{db}) \tag{5-81}$$

これより,最適条件では,現行条件に対して SN 比が 7.55db,感度が 0.95db 改善するものと推定される.このような SN 比と感度の改善効果を,SN 比と感度の**利得**(gain)と呼ぶ.

(b) SN 比および感度の再現性の確認

パラメータ設計では,SN 比と感度の利得の推定値が,確認実験において再現することを重視しており,必ず,最適条件と現行条件の確認実験を実施する.以下,確認実験の重要性について説明する.

パラメータ設計では,制御因子の主効果のみを直交表にわりつけており,式 (5-78),式 (5-79) に示したように,SN 比と感度の推定値も主効果のみで推定している.したがって,これらの推定値が確認実験で再現すれば,強い主効果で構成されたロバストな条件であることの確認になる.このようなロバストな条件は,さまざまなノイズが存在する量産工程や実際の市場などの下流条件においても,安定した機能を発揮することが期待できる.一方,確認実験において,主効果で予測した SN 比や感度の利得が十分に再現しない場合は,制御因子間に強い交互作用がある可能性が高い.交互作用があると,制御因子の最適な水準が,他の制御因子の水準によって変化してしまう.そのような不安定な条件では,下流条件におけるロバスト性は期待できない.

このように,パラメータ設計では,直交表に主効果のみをわりつけた実験結果から最適条件を決定し,決定した最適条件の SN 比を主効果のみで予測する.さらに,予測した SN 比の利得の再現性から,制御因子間の交互作用をチェックしている.したがって,確認実験は確実に実施し,下流条件にお

ける最適条件の再現性を評価することを忘れてはならない．

なお，確認実験の結果，SN 比の利得に再現性が得られない場合は，特性値に問題があることが多い．一般に，エネルギーは加算や減算が成立しやすい物理量であり，システムの機能をエネルギー変換として正しくとらえることができれば，制御因子間の効果にも**加法性**（additivity）が成立し，交互作用の問題を回避できることが多い．したがって，利得の再現性が悪い場合には，エネルギーの入出力関係をもとに，システムの基本機能を定義し直す必要がある．

今回の実験でも，最適条件と現行条件の確認実験を行い，利得の再現性を確認した．なお，比較条件として，目標とした B 社製品の実験も行ったので，その結果も併せて，表 5-13 に示す．

表 5-13 より，SN 比の利得は，推定値の 7.55db に対して確認実験では 5.54db になった．一般に，確認実験における SN 比の利得が推定値に対して±30% 以内に収まれば，再現性は良好とされる．したがって，今回の実験では再現性が得られたと判断できる．また，最適条件と B 社製品を比較すると，最適条件が SN 比で 0.07db，感度で 0.88db とわずかに上回っており，機能性の面では，B 社製品と同等以上の設計条件であることが確認できた．

表 5-13　SN 比と感度の推定および確認実験の結果

	SN比（db）		感度（db）	
	推定値	確認値	推定値	確認値
最適条件	-11.29	-12.46	-11.85	-12.46
現行条件	-18.84	-18.00	-12.80	-14.00
利　得	7.55	5.54	0.95	1.54
B社製品	—	-12.53	—	-13.34

(6)　機能性の改善がもたらす効果

図 5-20 に，最適条件，現行条件，B 社製品の実験結果をプロットしたグラフを示す．

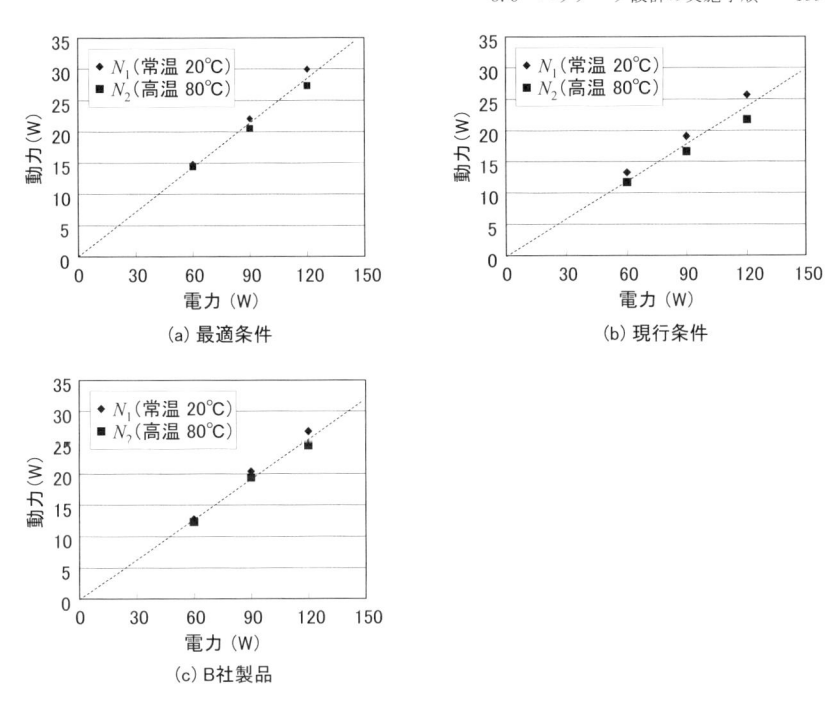

図 5-20　最適条件，現行条件，B社製品における実験結果の比較

図 5-20 より，パラメータ設計により選定した最適条件は，ノイズとして取り上げた環境温度に対するロバスト性が高く，モータ効率に相当する感度も高いことがわかる．特に，感度は目標とした B 社製品を大きく上回る結果となった．以上より，パラメータ設計を適用した今回の製品開発では，機能性の向上を図るとともに，エネルギー変換効率のきわめて高い小型直流モータの開発に成功したことになる．また，図 5-3 の P-ダイアグラムに示したように，エネルギー変換効率が高ければ，入力となる電力が，より効率的に動力に変換される．このため，振動，騒音，発熱などの弊害項目に消費されるエネルギーは必然的に減少し，弊害項目の改善も期待できる．そこで，最適条件，現行条件，B 社製品の 3 仕様について，モータを一定回転させたときの音圧を測定し，図 5-21 に結果を示した．

この結果，最適条件の音圧は，現行条件から約 8dBA 低減していることが確

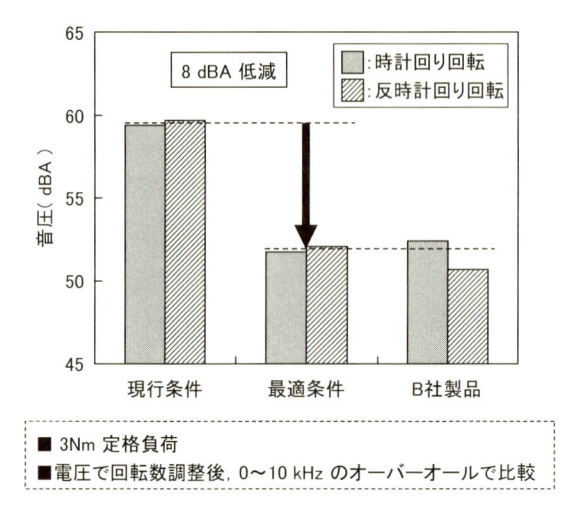

図 5-21 音圧の比較結果

認できた．また，この値は，開発目標としたB社製品の音圧と同等であり，小型直流モータとしてはトップレベルの静粛性を達成した．以上より，"To get quality, don't measure quality.（品質を良くしたければ，品質を測るな）"の言葉どおり，騒音という品質を良くしたければ，騒音そのものを評価するのではなく，モータの機能性を評価・改善することが有効であることが実証された．

参考文献

(1) 田口玄一：『品質工学講座1 開発・設計段階の品質工学』，日本規格協会，1988.
(2) 田口玄一：『品質工学講座2 製造段階の品質工学』，日本規格協会，1989.
(3) 田口玄一：『品質工学応用講座 MTシステムにおける技術開発』，日本規格協会，2002.
(4) 田口玄一：『研究開発の戦略』，日本規格協会，2005.
(5) 田口玄一：『品質工学講座3 品質評価のためのSN比』，日本規格協会，1988.
(6) 田口玄一：『品質工学の数理』，日本規格協会，1999.
(7) 奈良敢也：『シミュレーションによる次世代ステアリングシステムの最適化』，品質工学会，2005.
(8) 田口玄一：『品質工学講座4 品質設計のための実験計画法』，日本規格協会，1988.
(9) 奈良敢也：『機能性評価による小型DCモータの最適化』，品質工学会，2001.

第5章 演習問題

パラメータ設計で最適化した小型DCモータの測定データは以下のようであった．これらのデータからゼロ点比例式のSN比と感度を計算しなさい．

動力(単位:W)

誤差条件	信号因子:電力(W)		
	60	90	120
N_1 (低温 0 ℃)	14.21	19.99	26.68
N_2 (常温 20℃)	14.79	22.02	29.91
N_3 (高温 80℃)	14.35	20.48	27.27

第5章 演習問題 解答

SN比，感度の計算結果を以下に示す．

全変動：S_T	4280.5850
有効除数：r	26100
線形式：	5853.30
	6458.40
	5976.60
比例項の変動：S_β	4271.5443
誤差の主効果：$S_{\beta \times N}$	7.8350
誤差変動：S_e	1.2057
誤差分散：V_e	0.2010
誤差の主効果を含めた誤差変動：S_N	9.0407
誤差の主効果を含めた誤差分散：V_N	1.1301
SN比：η	−13.16(db)
感度：S	−12.63(db)

統計解析の誤用防止チェックリスト

　近年，統計解析における誤用が多発している．この問題を受け，基礎統計，多変量解析，実験計画法，および品質工学ごとに留意すべき点をまとめ，「統計解析の誤用防止チェックリスト」として掲載した．なお，このチェックリストに掲載された項目の多くは，この20年間に発生した実際の誤用をもとに選定されたものである．

統計解析の誤用防止チェックリスト

[基礎統計]

基礎統計の手法を適切に用いるうえでのチェックリストを以下に示す．

☐ 解析方法をデータ尺度に合致させること[1],[2]．[本文 2.2 節]
→ 名義尺度，順序尺度のデータに関して，それらの加算，減算をしてはならない．また，それらの平均値を算出しても無意味である．一方，間隔尺度のデータに関して，それらを加算，減算することはできるが，乗算，除算をしても意味はない．

☐ 外れ値は必ずしも異常値とは限らないので十分に検討すること[3]．[本文 2.3 節]
→ 外れ値を異常値とみなし，取り除くか否かを判断するうえでは，統計的な手法を用いた検討[4]や，固有技術上の観点に基づく検討を行う必要がある．

☐ データを要約する代表値は目的やデータの分布状態に応じて使い分けること[4]．[本文 2.3.1 項]
→ 多くの場合，代表値としては平均値が用いられる．しかし，データの分布状態によっては平均値が適切でない場合もあり，以下のような使い分けが必要となる．
(1) 左右対称な分布：平均値または中央値を代表値としてよい．
(2) 歪んだ分布：右に歪んだ分布の場合，平均値，中央値，最頻値は図 1 に示すように，平均値＞中央値＞最頻値となるため，目的に応じた使い分けが必要である．
(3) 外れ値を含む分布：平均値は外れ値の影響を大きくうけるが，中央値はその影響が小さい（図 2）．この場合，平均値は代表値とし

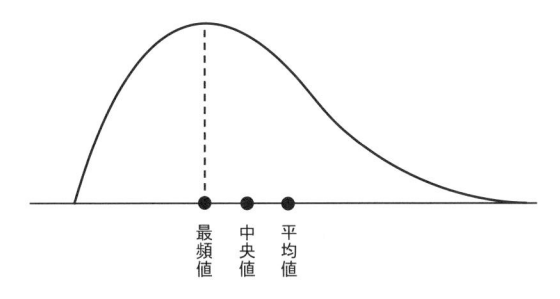

図1 分布と代表値

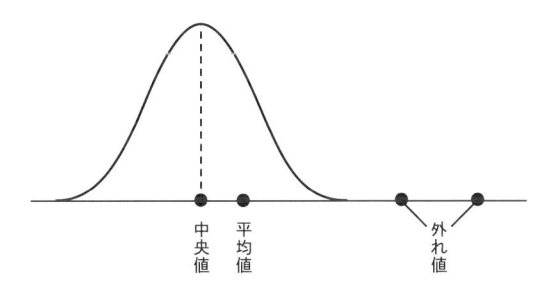

図2 外れ値の影響

　　て不適であり，中央値を代表値とする．
□　標準偏差は正規分布を前提としているため，歪度の大きいデータ，外れ値を含むデータのばらつきを正しく表していないことに注意すること[(4)]．[本文 2.3.2 項]
□　相関係数に関しては以下の点に注意すること[(4),(5)]．[本文 2.3.3 項]
　(1) 外れ値を含むとき，相関係数は正しく算出されない．
　　→　表1に示すデータに関して相関係数を求めると，その値は 0.52 であり，散布図は図3(a)のようになる．しかし，外れ値とみなせるデータ(9.0,6.5)を除くと，相関係数は-0.00055 であり，散布図は図3(b)のようになるため，x と y は無相関であることがわかる．
　(2) 2変量 x, y の相関係数が有意であるというだけでは，x と y の間に因果関係があるとはいえない．その因果関係は，対象とする問題における固有技術上の観点から検討すべきである．

表1 サンプルデータ

No.	x	y	No.	x	y
1	1.1	0.7	9	3.1	1.5
2	1.2	1.8	10	2.9	2.9
3	0.7	2.5	11	3.2	3.9
4	0.9	3.8	12	4.0	0.5
5	2.5	0.6	13	4.2	1.4
6	2.4	1.6	14	3.9	2.8
7	2.7	4.0	15	4.1	3.9
8	3.0	0.8	16	9.0	6.5

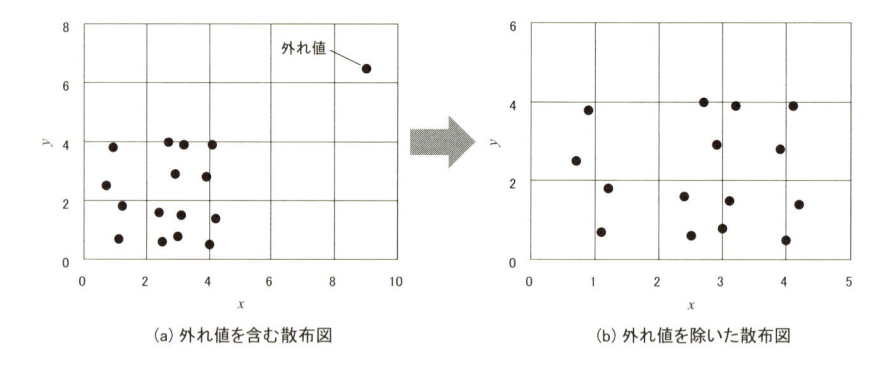

(a) 外れ値を含む散布図　　(b) 外れ値を除いた散布図

図3　外れ値の影響

(3) 第3変量 z が x と y に影響を与えているために，見かけ上は x と y の間に相関関係のあることがある（疑似相関）．

(4) データ尺度に応じた適切な相関係数を用いること．

　→　通常，相関係数とはピアソンの積率相関係数のことをいう．しかし，ピアソンの積率相関係数は間隔尺度以上のデータにのみ適用できる相関係数であり，順序尺度に関する相関を求める場合は，スピアマンの順位相関係数などを用いなければならない．

☐　検定方法を正しく選択すること[6]．

　→　本文中で示した検定方法は，母集団が正規分布にしたがうことを仮定している．母集団についての分布型が仮定できない場合には，分布型

を仮定する必要のない統計手法であるノンパラメトリック検定[6]を用いる必要がある.
- ☐ 検定において有意水準の解釈を誤らないこと[7]. [本文 2.6.1 項]
  - → 検定での有意水準は,帰無仮説が真($p = 1.00$)のもとでの観測値の出現率を計算しているにすぎず,決して帰無仮説（あるいは対立仮説）が正しい確率を計算しているのではない.
    (1) 有意水準は帰無仮説（あるいは対立仮説）の正誤を示す確率ではない.
    (2) 有意水準は統計的再現性の指標ではない.
    以下に,よく見られる誤用例を示す.
    - ・5%で有意ということは 95%の統計的再現性を示しており,これは,観察された差が将来の研究においても 100 回中 95 回の比率で有意差として支持されることを意味する.
    - ・条件 A のもとでは両群の差は 5%で有意であり,条件 B のもとでは 1%で有意であるから条件 B のほうの差が大きい.
- ☐ t 検定に関しては,以下の点に注意すること[1],[8]~[11]. [本文 2.6.3 項(2)]
  (1) 名義尺度,順序尺度,間隔尺度のデータに対し,t 検定を用いないこと.
    - → t 検定は原則として比例尺度のデータに対して適用する検定手法である.
  (2) データが正規分布から著しくかけ離れているとき,t 検定を用いないこと.
    - → t 検定は母集団の正規性をその前提としている.
  (3) 比較する 2 群のデータにおける母分散の差が大きいとき,t 検定を用いないこと.
    - → t 検定は母分散の均等性を前提としている.なお,分散に差がないことを判定するためには F 検定を用いる.
  (4) 多群（3 群以上）の平均値の比較には t 検定を用いないこと.
    - → たとえば,A, B, C の 3 群について,全ての組合せで有意水準 5%の t 検定を行う場合を考える.この場合,各組合せで有意差の出ない確率が$(1-0.05)$であるため,全ての組合せで有意差の出る確率は

$1-(1-0.05)^3 = 0.142$ となり，全体としては有意水準 14% で検定を行うことになってしまう．なお，このような多群の比較を行う場合は一般に分散分析を活用する．

☐ 片側検定とするなら，その根拠を明示すること[2]．[本文 2.6.4 項]
→ 検定には両側検定と片側検定があるが，通常は両側検定を行う．片側検定を行うときはその根拠を明示しなければならない．

[多変量解析]

多変量解析の手法を適切に用いるうえでのチェックリストを以下に示す．

多変量解析全般
☐ 多変量解析においては，データが圧縮され情報量が減るため平均値の使用は極力控えること．[本文 3.1 節]
☐ 必要によりデータの基準化を行うこと．[本文 3.1 節]
　→ データ間で単位が異なるときやデータ間で分散が大きくなるときなどは，データの基準化が必要となる場合がある．
☐ 多変量解析を行う際には，できるだけ多くの方法で試み，結果を比較すること．[本文 3.1 節]
　→ たとえば，因子分析にはいくつもの因子抽出法があり，それぞれの手法により得られた結果が異なる可能性がある．

重回帰分析
☐ 重回帰分析において各変数の寄与の度合をみるときは，偏回帰係数ではなく，標準偏回帰係数を用いること．[本文 3.2.3 項]
☐ 変数増加法，変数減少法，変数増減法などを用いて，適切な変数の選択を行うこと．[本文 3.2.6 項]
☐ 多重共線性を防ぐため，変数間に相関がないかを確認すること[12]．[本文 3.2.6 項]
　→ 重回帰分析では，$y = \sum \beta_i x_i + \beta_0$ において，変数 x_i 間に相関はないことを確認する必要がある．重回帰分析を実施する前に，主成分分析を実施し，得られた主成分を変数 x_i として利用することで，変数間の独立性を確保する方法も有効である．

判別分析
☐ 重回帰分析と同様に，変数間に相関がないかを確認すること．[本文 3.3.2 項(4)]

- □ 重回帰分析と同様に，適切な変数選択を行うこと．[本文 3.3.2 項(4)]
- □ 2 つの母集団の分布型の違いによる影響を考慮する必要がある場合は，2 点間の距離にユークリッド距離を用いた線形判別関数ではなく，マハラノビスの汎距離を用いること．[本文 3.3.3 項]

主成分分析

- □ 変数の数より多くのデータ数を確保すること．[本文 3.4.6 項(2)]
  - → 変数の数よりデータ数が少ない場合，主成分分析における逆行列の計算が不可能となる．しかし，統計ソフトにはこのような場合においても保証のない結果を出すものが存在する．
- □ 主成分分析に用いる初期データを適切に使い分けること．[本文 3.4.6 項(2)]
  - → データの単位系が揃っていない場合は相関係数行列を用いる．一方，データの単位系が揃っている場合は，相関係数行列を用いることも可能だが，分散共分散行列を用いることが望ましい．

因子分析

- □ 主成分分析と同様に，変数の数より多くのデータ数を確保すること．[本文 3.5.2 項]
- □ 手法ごとの因子構造の比較検討を行うこと．[本文 3.5.3 項(1)，3.5.5 項]
  - → 因子抽出や因子軸の回転にはさまざまな手法が存在し，それぞれの手法により得られた結果が異なる可能性がある．

［実験計画法］

実験計画法の手法を適切に用いるうえでのチェックリストを以下に示す．

☐ 分散分析法は，線形仮定，誤差の正規性，不偏性，等分散性，および独立性を前提条件としていることに注意すること．[本文 4.1 節]
  → これらを満たさないデータで分散分析を行うのは誤りであり，前提条件を必要としない統計手法を用いなければならない．

☐ 分散分析における F 検定では，誤差分散の自由度を十分に確保し，検定の精度を上げること．[本文 4.2.2 項(3)]
  → 多元配置実験，直交表実験では，同一の実験組合せにおける実験の繰返し数で誤差分散の自由度が決まるため，少なくとも 3 回以上の繰返し実験を行う．

☐ 分散分析においては，各変動要因の分散比 F に注意し，必要に応じて，誤差へのプールを検討すること．[本文 4.2.3 項(3)，4.4.4 項]
  → 分散比 F が 1 以下の因子は，純変動がマイナスとなり寄与率の計算はできない．このような因子は必ず誤差として扱う．また，分散比 F が 2 以下の因子については，誤差の自由度を上げるため一般に誤差として扱うことが多い．

☐ 直交表を用いる際は適切な使い分けをすること．[本文 4.3.4 項(2)]
  → 因子間の交互作用が無視できない場合は，素数べき型直交表を使用し，因子の主効果と因子間の交互作用効果の両方を評価する．一方，因子間の交互作用が無視できる場合は，素数べき型直交表または混合系直交表を使用し，因子の主効果のみを評価する．

☐ 直交表を使用する場合，目的特性に対する各因子の効果の独立性に注意すること．[本文 4.3.4 項，4.3.5 項]
  → 因子間の交互作用が懸念される場合は，水準ずらし法を適用して因子の水準を決定するか，素数べき型直交表を使用し，線点図を参考に，該当する因子間の交互作用列を空き列にする．

［品質工学］

品質工学の手法を適切に用いるうえでのチェックリストを以下に示す．

☐ パラメータ設計では，振動，騒音，発熱などの弊害項目の評価は避けること．[本文 5.3.2 項]
  → 弊害項目を改善しても，システムの本来の機能が向上する保証はない．弊害項目の低減とともに，システムの本来の機能が低下する危険もあるため，システムの機能性を評価，改善する．

☐ 制御因子の水準は，設定可能な範囲で広く設定すること．[本文 5.3.4 項]
  → パラメータ設計では，パラメータの非線形性を利用してシステムのロバスト性を改善するため，制御因子の水準の広い領域から安定領域を探索することが有効である．

☐ 確認実験において SN 比の利得（改善効果）の再現性が確認できない場合は，システムの機能を再検討すること．[本文 5.6 節(5)]
  → システムの機能をエネルギーの変換として正しくとらえることができれば，相対的に制御因子間の主効果が大きくなり，SN 比の利得の再現性は向上する．

参考文献

(1) 小川竜:『統計処理の誤りを避けるために－1－データの性質と確率分布』, 麻酔, vol.36, pp.113-117, 1987.
(2) 長谷川芳典:『心理学研究法再考(1)基礎的統計解析の誤用をなくすための 30 のチェック項目』, 岡山大学文学部紀要, vol.21, pp.47-59, 1994.
(3) 浜田知久馬:『学会・論文発表のための統計学』, 真興交易医書出版社, 1999.
(4) 篠崎信雄:『統計解析入門』, サイエンス社, 1994.
(5) 上田尚一:『統計の誤用・活用』, 朝倉書店, 2003.
(6) 大野良之:『推計学の誤用をさけるために, 日本歯科麻酔学会雑誌』, vol.14, pp.155-162, 1986.
(7) 橘敏明:『医学・教育学・心理学にみられる統計的検定の誤用と弊害』, 医療図書出版社, 1986.
(8) 栗谷典量:『医学統計処理の問題点－誤用のはなしⅡ－』, 日本生理誌, vol.58, pp.175-182, 1996.
(9) 栗谷典量:『医学統計処理の問題点－誤用のはなしⅢ－』, 日本生理誌, vol.58, pp.307-320, 1996.
(10) 栗谷典量:『医学統計処理の問題点－誤用のはなしⅣ－』, 日本生理誌, vol.58, pp.377-384, 1996.
(11) 三宅浩次:『t 検定の誤用を避けるために－多重比較の統計学的検定』, 医学のあゆみ, vol.136, pp.600-603, 1986.
(12) 朝野煕彦:『入門多変量解析の実際』, 講談社, 2000.

付　　録

付　録

付表 1　正規分布表（片側）

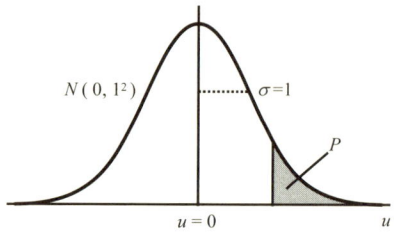

$N(0, 1^2)$, $\sigma = 1$, P

u から片側確率 P を求める表

u	0.00	0.01	0.02	0.03	0.04	0.05	0.06	0.07	0.08	0.09
0.0	0.500	0.496	0.492	0.488	0.484	0.480	0.476	0.472	0.468	0.464
0.1	0.460	0.456	0.452	0.448	0.444	0.440	0.436	0.433	0.429	0.425
0.2	0.421	0.417	0.413	0.409	0.405	0.401	0.397	0.394	0.390	0.386
0.3	0.382	0.378	0.374	0.371	0.367	0.363	0.359	0.356	0.352	0.348
0.4	0.345	0.341	0.337	0.334	0.330	0.326	0.323	0.319	0.316	0.312
0.5	0.309	0.305	0.302	0.298	0.295	0.291	0.288	0.284	0.281	0.278
0.6	0.274	0.271	0.268	0.264	0.261	0.258	0.255	0.251	0.248	0.245
0.7	0.242	0.239	0.236	0.233	0.230	0.227	0.224	0.221	0.218	0.215
0.8	0.212	0.209	0.206	0.203	0.200	0.198	0.195	0.192	0.189	0.187
0.9	0.184	0.181	0.179	0.176	0.174	0.171	0.169	0.166	0.164	0.161
1.0	0.159	0.156	0.154	0.152	0.149	0.147	0.145	0.142	0.140	0.138
1.1	0.136	0.133	0.131	0.129	0.127	0.125	0.123	0.121	0.119	0.117
1.2	0.115	0.113	0.111	0.109	0.107	0.106	0.104	0.102	0.100	0.099
1.3	0.097	0.095	0.093	0.092	0.090	0.089	0.087	0.085	0.084	0.082
1.4	0.081	0.079	0.078	0.076	0.075	0.074	0.072	0.071	0.069	0.068
1.5	0.067	0.066	0.064	0.063	0.062	0.061	0.059	0.058	0.057	0.056
1.6	0.055	0.054	0.053	0.052	0.051	0.049	0.048	0.047	0.046	0.046
1.7	0.045	0.044	0.043	0.042	0.041	0.040	0.039	0.038	0.038	0.037
1.8	0.036	0.035	0.034	0.034	0.033	0.032	0.031	0.031	0.030	0.029
1.9	0.029	0.028	0.027	0.027	0.026	0.026	0.025	0.024	0.024	0.023
2.0	0.023	0.022	0.022	0.021	0.021	0.020	0.020	0.019	0.019	0.018
2.1	0.0179	0.0174	0.0170	0.0166	0.0162	0.0158	0.0154	0.0150	0.0146	0.0143
2.2	0.0139	0.0136	0.0132	0.0129	0.0125	0.0122	0.0119	0.0116	0.0113	0.0110
2.3	0.0107	0.0104	0.0102	0.0099	0.0096	0.0094	0.0091	0.0089	0.0087	0.0084
2.4	0.0082	0.0080	0.0078	0.0075	0.0073	0.0071	0.0069	0.0068	0.0066	0.0064
2.5	0.0062	0.0060	0.0059	0.0057	0.0055	0.0054	0.0052	0.0051	0.0049	0.0048
2.6	0.0047	0.0045	0.0044	0.0043	0.0041	0.0040	0.0039	0.0038	0.0037	0.0036
2.7	0.0035	0.0034	0.0033	0.0032	0.0031	0.0030	0.0029	0.0028	0.0027	0.0026
2.8	0.00256	0.00248	0.00240	0.00233	0.00226	0.00219	0.00212	0.00205	0.00199	0.00193
2.9	0.00187	0.00181	0.00175	0.00169	0.00164	0.00159	0.00154	0.00149	0.00144	0.00139
3.0	0.00135	0.00131	0.00126	0.00122	0.00118	0.00114	0.00111	0.00107	0.00104	0.00100

付表2　正規分布表（両側）

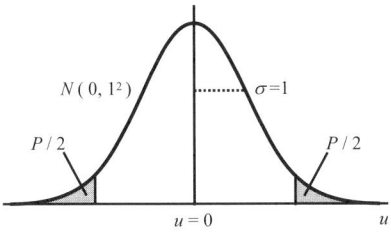

$N(0, 1^2)$　$\sigma=1$
$P/2$　$P/2$
$u=0$　u

u から両側確率 P を求める表

u	0.00	0.01	0.02	0.03	0.04	0.05	0.06	0.07	0.08	0.09
0.0	1.000	0.992	0.984	0.976	0.968	0.960	0.952	0.944	0.936	0.928
0.1	0.920	0.912	0.904	0.897	0.889	0.881	0.873	0.865	0.857	0.849
0.2	0.841	0.834	0.826	0.818	0.810	0.803	0.795	0.787	0.779	0.772
0.3	0.764	0.757	0.749	0.741	0.734	0.726	0.719	0.711	0.704	0.697
0.4	0.689	0.682	0.674	0.667	0.660	0.653	0.646	0.638	0.631	0.624
0.5	0.617	0.610	0.603	0.596	0.589	0.582	0.575	0.569	0.562	0.555
0.6	0.549	0.542	0.535	0.529	0.522	0.516	0.509	0.503	0.497	0.490
0.7	0.484	0.478	0.472	0.465	0.459	0.453	0.447	0.441	0.435	0.430
0.8	0.424	0.418	0.412	0.407	0.401	0.395	0.390	0.384	0.379	0.373
0.9	0.368	0.363	0.358	0.352	0.347	0.342	0.337	0.332	0.327	0.322
1.0	0.317	0.312	0.308	0.303	0.298	0.294	0.289	0.285	0.280	0.276
1.1	0.271	0.267	0.263	0.258	0.254	0.250	0.246	0.242	0.238	0.234
1.2	0.230	0.226	0.222	0.219	0.215	0.211	0.208	0.204	0.201	0.197
1.3	0.194	0.190	0.187	0.184	0.180	0.177	0.174	0.171	0.168	0.165
1.4	0.162	0.159	0.156	0.153	0.150	0.147	0.144	0.142	0.139	0.136
1.5	0.134	0.131	0.129	0.126	0.124	0.121	0.119	0.116	0.114	0.112
1.6	0.110	0.107	0.105	0.103	0.101	0.099	0.097	0.095	0.093	0.091
1.7	0.089	0.087	0.085	0.084	0.082	0.080	0.078	0.077	0.075	0.073
1.8	0.072	0.070	0.069	0.067	0.066	0.064	0.063	0.061	0.060	0.059
1.9	0.057	0.056	0.055	0.054	0.052	0.051	0.050	0.049	0.048	0.047
2.0	0.046	0.044	0.043	0.042	0.041	0.040	0.039	0.038	0.038	0.037
2.1	0.0357	0.0349	0.0340	0.0332	0.0324	0.0316	0.0308	0.0300	0.0293	0.0285
2.2	0.0278	0.0271	0.0264	0.0257	0.0251	0.0244	0.0238	0.0232	0.0226	0.0220
2.3	0.0214	0.0209	0.0203	0.0198	0.0193	0.0188	0.0183	0.0178	0.0173	0.0168
2.4	0.0164	0.0160	0.0155	0.0151	0.0147	0.0143	0.0139	0.0135	0.0131	0.0128
2.5	0.0124	0.0121	0.0117	0.0114	0.0111	0.0108	0.0105	0.0102	0.0099	0.0096
2.6	0.0093	0.0091	0.0088	0.0085	0.0083	0.0080	0.0078	0.0076	0.0074	0.0071
2.7	0.0069	0.0067	0.0065	0.0063	0.0061	0.0060	0.0058	0.0056	0.0054	0.0053
2.8	0.00511	0.00495	0.00480	0.00465	0.00451	0.00437	0.00424	0.00410	0.00398	0.00385
2.9	0.00373	0.00361	0.00350	0.00339	0.00328	0.00318	0.00308	0.00298	0.00288	0.00279
3.0	0.00270	0.00261	0.00253	0.00245	0.00237	0.00229	0.00221	0.00214	0.00207	0.00200

付表3 χ²分布表

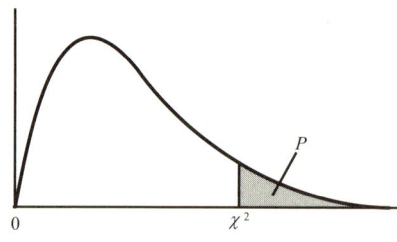

自由度 $f = n-1$ と上側確率 P から $\chi^2(f, P)$ を求める表

P\f	.995	.99	.975	.95	.05	.025	.01	.005
1	3.93E-05	1.57E-04	9.82E-04	0.00	3.84	5.02	6.63	7.88
2	0.01	0.02	0.05	0.10	5.99	7.38	9.21	10.60
3	0.07	0.11	0.22	0.35	7.81	9.35	11.34	12.84
4	0.21	0.30	0.48	0.71	9.49	11.14	13.28	14.86
5	0.41	0.55	0.83	1.15	11.07	12.83	15.09	16.75
6	0.68	0.87	1.24	1.64	12.59	14.45	16.81	18.55
7	0.99	1.24	1.69	2.17	14.07	16.01	18.48	20.28
8	1.34	1.65	2.18	2.73	15.51	17.53	20.09	21.95
9	1.73	2.09	2.70	3.33	16.92	19.02	21.67	23.59
10	2.16	2.56	3.25	3.94	18.31	20.48	23.21	25.19
11	2.60	3.05	3.82	4.57	19.68	21.92	24.72	26.76
12	3.07	3.57	4.40	5.23	21.03	23.34	26.22	28.30
13	3.57	4.11	5.01	5.89	22.36	24.74	27.69	29.82
14	4.07	4.66	5.63	6.57	23.68	26.12	29.14	31.32
15	4.60	5.23	6.26	7.26	25.00	27.49	30.58	32.80
16	5.14	5.81	6.91	7.96	26.30	28.85	32.00	34.27
17	5.70	6.41	7.56	8.67	27.59	30.19	33.41	35.72
18	6.26	7.01	8.23	9.39	28.87	31.53	34.81	37.16
19	6.84	7.63	8.91	10.12	30.14	32.85	36.19	38.58
20	7.43	8.26	9.59	10.85	31.41	34.17	37.57	40.00
21	8.03	8.90	10.28	11.59	32.67	35.48	38.93	41.40
22	8.64	9.54	10.98	12.34	33.92	36.78	40.29	42.80
23	9.26	10.20	11.69	13.09	35.17	38.08	41.64	44.18
24	9.89	10.86	12.40	13.85	36.42	39.36	42.98	45.56
25	10.52	11.52	13.12	14.61	37.65	40.65	44.31	46.93
26	11.16	12.20	13.84	15.38	38.89	41.92	45.64	48.29
27	11.81	12.88	14.57	16.15	40.11	43.19	46.96	49.64
28	12.46	13.56	15.31	16.93	41.34	44.46	48.28	50.99
29	13.12	14.26	16.05	17.71	42.56	45.72	49.59	52.34
30	13.79	14.95	16.79	18.49	43.77	46.98	50.89	53.67
40	20.71	22.16	24.43	26.51	55.76	59.34	63.69	66.77
50	27.99	29.71	32.36	34.76	67.50	71.42	76.15	79.49
60	35.53	37.48	40.48	43.19	79.08	83.30	88.38	91.95
70	43.28	45.44	48.76	51.74	90.53	95.02	100.43	104.21
80	51.17	53.54	57.15	60.39	101.88	106.63	112.33	116.32
90	59.20	61.75	65.65	69.13	113.15	118.14	124.12	128.30
100	67.33	70.06	74.22	77.93	124.34	129.56	135.81	140.17
∞	-2.58	-2.33	-1.96	-1.64	1.65	1.96	2.33	2.58

付表4 F分布表(片側)

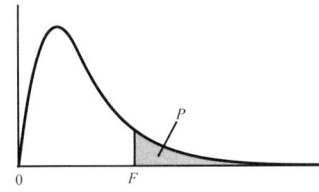

分子自由度 f_1 と分母自由度 f_2 から上側確率5%, 2.5%, 1%に対する F 値を求める表

上段5%, 中段2.5%, 下段1%

f_2 \ f_1	1	2	3	4	5	6	7	8	9	10	20	40
1	161.45 647.79 4052.18	199.50 799.50 4999.50	215.71 864.16 5403.35	224.58 899.58 5624.58	230.16 921.85 5763.65	233.99 937.11 5858.99	236.77 948.22 5928.36	238.88 956.66 5981.07	240.54 963.28 6022.47	241.88 968.63 6055.85	248.01 993.10 6208.73	251.14 1005.60 6286.78
2	18.51 38.51 98.50	19.00 39.00 99.00	19.16 39.17 99.17	19.25 39.25 99.25	19.30 39.30 99.30	19.33 39.33 99.33	19.35 39.36 99.36	19.37 39.37 99.37	19.38 39.39 99.39	19.40 39.40 99.40	19.45 39.45 99.45	19.47 39.47 99.47
3	10.13 17.44 34.12	9.55 16.04 30.82	9.28 15.44 29.46	9.12 15.10 28.71	9.01 14.88 28.24	8.94 14.73 27.91	8.89 14.62 27.67	8.85 14.54 27.49	8.81 14.47 27.35	8.79 14.42 27.23	8.66 14.17 26.69	8.59 14.04 26.41
4	7.71 12.22 21.20	6.94 10.65 18.00	6.59 9.98 16.69	6.39 9.60 15.98	6.26 9.36 15.52	6.16 9.20 15.21	6.09 9.07 14.98	6.04 8.98 14.80	6.00 8.90 14.66	5.96 8.84 14.55	5.80 8.56 14.02	5.72 8.41 13.75
5	6.61 10.01 16.26	5.79 8.43 13.27	5.41 7.76 12.06	5.19 7.39 11.39	5.05 7.15 10.97	4.95 6.98 10.67	4.88 6.85 10.46	4.82 6.76 10.29	4.77 6.68 10.16	4.74 6.62 10.05	4.56 6.33 9.55	4.46 6.18 9.29
6	5.99 8.81 13.75	5.14 7.26 10.92	4.76 6.60 9.78	4.53 6.23 9.15	4.39 5.99 8.75	4.28 5.82 8.47	4.21 5.70 8.26	4.15 5.60 8.10	4.10 5.52 7.98	4.06 5.46 7.87	3.87 5.17 7.40	3.77 5.01 7.14
7	5.59 8.07 12.25	4.74 6.54 9.55	4.35 5.89 8.45	4.12 5.52 7.85	3.97 5.29 7.46	3.87 5.12 7.19	3.79 4.99 6.99	3.73 4.90 6.84	3.68 4.82 6.72	3.64 4.76 6.62	3.44 4.47 6.16	3.34 4.31 5.91
8	5.32 7.57 11.26	4.46 6.06 8.65	4.07 5.42 7.59	3.84 5.05 7.01	3.69 4.82 6.63	3.58 4.65 6.37	3.50 4.53 6.18	3.44 4.43 6.03	3.39 4.36 5.91	3.35 4.30 5.81	3.15 4.00 5.36	3.04 3.84 5.12
9	5.12 7.21 10.56	4.26 5.71 8.02	3.86 5.08 6.99	3.63 4.72 6.42	3.48 4.48 6.06	3.37 4.32 5.80	3.29 4.20 5.61	3.23 4.10 5.47	3.18 4.03 5.35	3.14 3.96 5.26	2.94 3.67 4.81	2.83 3.51 4.57
10	4.96 6.94 10.04	4.10 5.46 7.56	3.71 4.83 6.55	3.48 4.47 5.99	3.33 4.24 5.64	3.22 4.07 5.39	3.14 3.95 5.20	3.07 3.85 5.06	3.02 3.78 4.94	2.98 3.72 4.85	2.77 3.42 4.41	2.66 3.26 4.17
12	4.75 6.55 9.33	3.89 5.10 6.93	3.49 4.47 5.95	3.26 4.12 5.41	3.11 3.89 5.06	3.00 3.73 4.82	2.91 3.61 4.64	2.85 3.51 4.50	2.80 3.44 4.39	2.75 3.37 4.30	2.54 3.07 3.86	2.43 2.91 3.62
14	4.60 6.30 8.86	3.74 4.86 6.51	3.34 4.24 5.56	3.11 3.89 5.04	2.96 3.66 4.69	2.85 3.50 4.46	2.76 3.38 4.28	2.70 3.29 4.14	2.65 3.21 4.03	2.60 3.15 3.94	2.39 2.84 3.51	2.27 2.67 3.27
16	4.49 6.12 8.53	3.63 4.69 6.23	3.24 4.08 5.29	3.01 3.73 4.77	2.85 3.50 4.44	2.74 3.34 4.20	2.66 3.22 4.03	2.59 3.12 3.89	2.54 3.05 3.78	2.49 2.99 3.69	2.28 2.68 3.26	2.15 2.51 3.02
18	4.41 5.98 8.29	3.55 4.56 6.01	3.16 3.95 5.09	2.93 3.61 4.58	2.77 3.38 4.25	2.66 3.22 4.01	2.58 3.10 3.84	2.51 3.01 3.71	2.46 2.93 3.60	2.41 2.87 3.51	2.19 2.56 3.08	2.06 2.38 2.84
20	4.35 5.87 8.10	3.49 4.46 5.85	3.10 3.86 4.94	2.87 3.51 4.43	2.71 3.29 4.10	2.60 3.13 3.87	2.51 3.01 3.70	2.45 2.91 3.56	2.39 2.84 3.46	2.35 2.77 3.37	2.12 2.46 2.94	1.99 2.29 2.69
40	4.08 5.42 7.31	3.23 4.05 5.18	2.84 3.46 4.31	2.61 3.13 3.83	2.45 2.90 3.51	2.34 2.74 3.29	2.25 2.62 3.12	2.18 2.53 2.99	2.12 2.45 2.89	2.08 2.39 2.80	1.84 2.07 2.37	1.69 1.88 2.11
60	4.00 5.29 7.08	3.15 3.93 4.98	2.76 3.34 4.13	2.53 3.01 3.65	2.37 2.79 3.34	2.25 2.63 3.12	2.17 2.51 2.95	2.10 2.41 2.82	2.04 2.33 2.72	1.99 2.27 2.63	1.75 1.94 2.20	1.59 1.74 1.94
∞	3.84 5.02 6.63	3.00 3.69 4.61	2.60 3.12 3.78	2.37 2.79 3.32	2.21 2.57 3.02	2.10 2.41 2.80	2.01 2.29 2.64	1.94 2.19 2.51	1.88 2.11 2.41	1.83 2.05 2.32	1.57 1.71 1.88	1.39 1.48 1.59

付表5　t 分布表（両側）

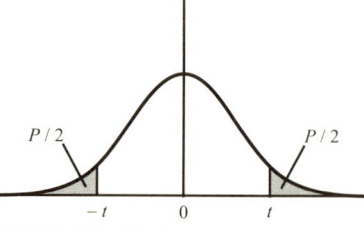

自由度 $f = n-1$ と両側確率 P から $t(f, P)$ を求める表

P \ f	.20	.10	.05	.02	.01	.001
1	3.078	6.314	12.706	31.821	63.657	636.619
2	1.886	2.920	4.303	6.965	9.925	31.599
3	1.638	2.353	3.182	4.541	5.841	12.924
4	1.533	2.132	2.776	3.747	4.604	8.610
5	1.476	2.015	2.571	3.365	4.032	6.869
6	1.440	1.943	2.447	3.143	3.707	5.959
7	1.415	1.895	2.365	2.998	3.499	5.408
8	1.397	1.860	2.306	2.896	3.355	5.041
9	1.383	1.833	2.262	2.821	3.250	4.781
10	1.372	1.812	2.228	2.764	3.169	4.587
11	1.363	1.796	2.201	2.718	3.106	4.437
12	1.356	1.782	2.179	2.681	3.055	4.318
13	1.350	1.771	2.160	2.650	3.012	4.221
14	1.345	1.761	2.145	2.624	2.977	4.140
15	1.341	1.753	2.131	2.602	2.947	4.073
16	1.337	1.746	2.120	2.583	2.921	4.015
17	1.333	1.740	2.110	2.567	2.898	3.965
18	1.330	1.734	2.101	2.552	2.878	3.922
19	1.328	1.729	2.093	2.539	2.861	3.883
20	1.325	1.725	2.086	2.528	2.845	3.850
21	1.323	1.721	2.080	2.518	2.831	3.819
22	1.321	1.717	2.074	2.508	2.819	3.792
23	1.319	1.714	2.069	2.500	2.807	3.768
24	1.318	1.711	2.064	2.492	2.797	3.745
25	1.316	1.708	2.060	2.485	2.787	3.725
26	1.315	1.706	2.056	2.479	2.779	3.707
27	1.314	1.703	2.052	2.473	2.771	3.690
28	1.313	1.701	2.048	2.467	2.763	3.674
29	1.311	1.699	2.045	2.462	2.756	3.659
30	1.310	1.697	2.042	2.457	2.750	3.646
40	1.303	1.684	2.021	2.423	2.704	3.551
60	1.296	1.671	2.000	2.390	2.660	3.460
80	1.292	1.664	1.990	2.374	2.639	3.416
100	1.290	1.660	1.984	2.364	2.626	3.390
120	1.289	1.658	1.980	2.358	2.617	3.373
∞	1.282	1.645	1.960	2.326	2.576	3.291

付録　*221*

付表6　直交表 L_4

$L_4(2^3)$

No. \ 列番	1	2	3
1	1	1	1
2	1	2	2
3	2	1	2
4	2	2	1
成分	a	b	a b

線点図

(1)

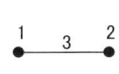

　1　　3　　2

付表7　直交表 L_8

$L_8(2^7)$

No. \ 列番	1	2	3	4	5	6	7
1	1	1	1	1	1	1	1
2	1	1	1	2	2	2	2
3	1	2	2	1	1	2	2
4	1	2	2	2	2	1	1
5	2	1	2	1	2	1	2
6	2	1	2	2	1	2	1
7	2	2	1	1	2	2	1
8	2	2	1	2	1	1	2
成分	a	b	a b	c	a c	b c	a b c

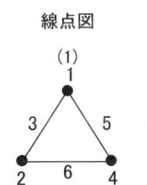

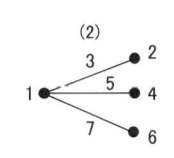

線点図

(1)

(2)

付表8　直交表 L_{16}

$L_{16}(2^{15})$

No. \ 列番	1	2	3	4	5	6	7	8	9	10	11	12	13	14	15
1	1	1	1	1	1	1	1	1	1	1	1	1	1	1	1
2	1	1	1	1	1	1	1	2	2	2	2	2	2	2	2
3	1	1	1	2	2	2	2	1	1	1	1	2	2	2	2
4	1	1	1	2	2	2	2	2	2	2	2	1	1	1	1
5	1	2	2	1	1	2	2	1	1	2	2	1	1	2	2
6	1	2	2	1	1	2	2	2	2	1	1	2	2	1	1
7	1	2	2	2	2	1	1	1	1	2	2	2	2	1	1
8	1	2	2	2	2	1	1	2	2	1	1	1	1	2	2
9	2	1	2	1	2	1	2	1	2	1	2	1	2	1	2
10	2	1	2	1	2	1	2	2	1	2	1	2	1	2	1
11	2	1	2	2	1	2	1	1	2	1	2	2	1	2	1
12	2	1	2	2	1	2	1	2	1	2	1	1	2	1	2
13	2	2	1	1	2	2	1	1	2	2	1	1	2	2	1
14	2	2	1	1	2	2	1	2	1	1	2	2	1	1	2
15	2	2	1	2	1	1	2	1	2	2	1	2	1	1	2
16	2	2	1	2	1	1	2	2	1	1	2	1	2	2	1
成分	a	b	a b	c	a c	b c	a b c	d	a d	b d	a b d	c d	a c d	b c d	a b c d

線点図

(1) (2) (3) (4) (5) (6)

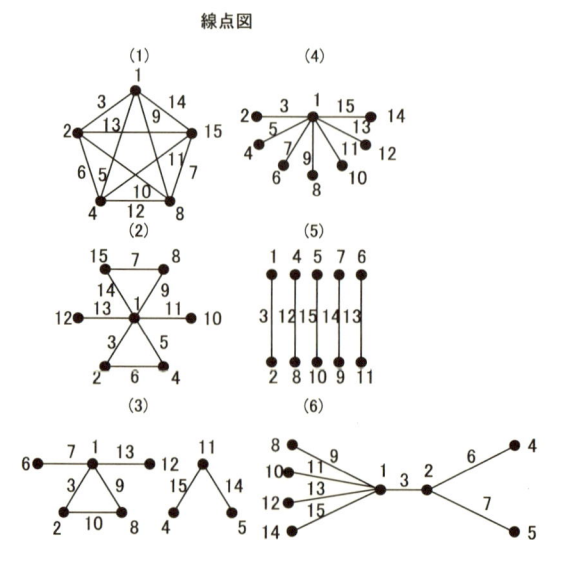

付　録　223

付表 9　直交表 L_9

$L_9(3^4)$

No. \ 列番	1	2	3	4
1	1	1	1	1
2	1	2	2	2
3	1	3	3	3
4	2	1	2	3
5	2	2	3	1
6	2	3	1	2
7	3	1	3	2
8	3	2	1	3
9	3	3	2	1
成分	a	b	a b	a b^2

線点図

(1)

1●――3,4――●2

付表 10　直交表 L_{18}

$L_{18}(2^1 \times 3^7)$

No. \ 列番	1	2	3	4	5	6	7	8
1	1	1	1	1	1	1	1	1
2	1	1	2	2	2	2	2	2
3	1	1	3	3	3	3	3	3
4	1	2	1	1	2	2	3	3
5	1	2	2	2	3	3	1	1
6	1	2	3	3	1	1	2	2
7	1	3	1	2	1	3	2	3
8	1	3	2	3	2	1	3	1
9	1	3	3	1	3	2	1	2
10	2	1	1	3	3	2	2	1
11	2	1	2	1	1	3	3	2
12	2	1	3	2	2	1	1	3
13	2	2	1	2	3	1	3	2
14	2	2	2	3	1	2	1	3
15	2	2	3	1	2	3	2	1
16	2	3	1	3	2	3	1	2
17	2	3	2	1	3	1	2	3
18	2	3	3	2	1	2	3	1

(注) 3水準間の交互作用は他の列に均等に分配される

付表11 直交表 L_{27}

$L_{27}(3^{13})$

No.\列番	1	2	3	4	5	6	7	8	9	10	11	12	13
1	1	1	1	1	1	1	1	1	1	1	1	1	1
2	1	1	1	1	2	2	2	2	2	2	2	2	2
3	1	1	1	1	3	3	3	3	3	3	3	3	3
4	1	2	2	2	1	1	1	2	2	2	3	3	3
5	1	2	2	2	2	2	2	3	3	3	1	1	1
6	1	2	2	2	3	3	3	1	1	1	2	2	2
7	1	3	3	3	1	1	1	3	3	3	2	2	2
8	1	3	3	3	2	2	2	1	1	1	3	3	3
9	1	3	3	3	3	3	3	2	2	2	1	1	1
10	2	1	2	3	1	2	3	1	2	3	1	2	3
11	2	1	2	3	2	3	1	2	3	1	2	3	1
12	2	1	2	3	3	1	2	3	1	2	3	1	2
13	2	2	3	1	1	2	3	2	3	1	3	1	2
14	2	2	3	1	2	3	1	3	1	2	1	2	3
15	2	2	3	1	3	1	2	1	2	3	2	3	1
16	2	3	1	2	1	2	3	3	1	2	2	3	1
17	2	3	1	2	2	3	1	1	2	3	3	1	2
18	2	3	1	2	3	1	2	2	3	1	1	2	3
19	3	1	3	2	1	3	2	1	3	2	1	3	2
20	3	1	3	2	2	1	3	2	1	3	2	1	3
21	3	1	3	2	3	2	1	3	2	1	3	2	1
22	3	2	1	3	1	3	2	2	1	3	3	2	1
23	3	2	1	3	2	1	3	3	2	1	1	3	2
24	3	2	1	3	3	2	1	1	3	2	2	1	3
25	3	3	2	1	1	3	2	3	2	1	2	1	3
26	3	3	2	1	2	1	3	1	3	2	3	2	1
27	3	3	2	1	3	2	1	2	1	3	1	3	2
成分	a	b	a b	a b^2	c	a c	a c^2	b	a b^2 c	a b^2 c^2	b c	a b^2 c	a b c^2

線点図

(1) 三角形: 頂点 1, 2, 5; 辺 3,4 / 6,7 / 8,11; 独立点 9, 10, 12, 13

(2) 扇形: 中心から 2, 5, 8, 11 へ; 枝のラベル 3,4 / 6,7 / 9,10 / 12,13

付表12　直交表 L_{36}

$L_{36}(2^{11}\times 3^{12})$

No.\列番	1	2	3	4	5	6	7	8	9	10	11	12	13	14	15	16	17	18	19	20	21	22	23
1	1	1	1	1	1	1	1	1	1	1	1	1	1	1	1	1	1	1	1	1	1	1	1
2	1	1	1	1	1	1	1	1	1	1	1	2	2	2	2	2	2	2	2	2	2	2	2
3	1	1	1	1	1	1	1	1	1	1	1	3	3	3	3	3	3	3	3	3	3	3	3
4	1	1	1	1	1	2	2	2	2	2	2	1	1	1	1	2	2	2	2	3	3	3	3
5	1	1	1	1	1	2	2	2	2	2	2	2	2	3	3	3	3	1	1	1	1	1	1
6	1	1	1	1	1	2	2	2	2	2	2	3	3	3	3	1	1	1	1	2	2	2	3
7	1	1	2	2	2	1	1	1	2	2	2	1	1	2	3	1	2	3	3	1	2	2	3
8	1	1	2	2	2	1	1	1	2	2	2	2	3	1	2	3	1	1	2	3	3	1
9	1	1	2	2	2	1	1	1	2	2	3	3	1	2	3	1	2	2	3	1	1	2
10	1	2	1	2	2	1	2	2	1	1	2	1	3	2	1	3	2	3	2	1	3	2
11	1	2	1	2	2	1	2	2	1	1	2	2	1	3	2	1	3	1	3	2	1	3
12	1	2	1	2	2	1	2	2	1	1	2	3	3	2	1	3	2	1	2	1	3	2	1
13	1	2	2	1	2	2	1	2	1	2	1	1	2	3	1	3	1	3	3	2	1	2
14	1	2	2	1	2	2	1	2	1	2	1	2	3	1	2	1	2	1	1	3	2	3
15	1	2	2	1	2	2	1	2	1	3	1	2	3	2	1	3	2	2	1	3	1
16	1	2	2	2	1	2	2	1	2	1	1	2	3	2	1	1	3	2	3	3	2	1
17	1	2	2	2	1	2	2	1	2	1	2	3	1	3	2	2	1	3	1	1	3	2
18	1	2	2	2	1	2	2	1	3	1	2	1	3	3	2	1	2	2	1	3
19	2	1	2	2	1	1	2	2	1	2	1	1	2	1	3	3	3	1	2	2	1	2	3
20	2	1	2	2	1	1	2	2	1	2	1	2	3	2	1	1	1	2	3	3	2	3	1
21	2	1	2	2	1	1	2	2	1	2	1	3	1	3	2	2	2	3	1	1	3	1	2
22	2	1	2	1	2	2	2	1	1	1	2	1	2	2	3	3	1	2	1	1	3	3	2
23	2	1	2	1	2	2	2	1	1	1	2	2	3	3	1	1	2	3	2	2	1	1	3
24	2	1	2	1	2	2	2	1	1	1	2	3	1	1	2	2	3	1	3	3	2	2	1
25	2	1	1	2	2	2	1	2	2	1	1	1	3	2	1	2	3	3	1	3	1	2	2
26	2	1	1	2	2	2	1	2	2	1	1	2	1	3	2	3	1	1	2	1	2	3	3
27	2	1	1	2	2	2	1	2	2	1	1	3	2	1	3	1	2	2	3	2	3	1	1
28	2	2	2	1	1	1	1	2	2	1	2	1	3	2	2	2	1	1	3	2	3	1	3
29	2	2	2	1	1	1	1	2	2	1	2	2	1	3	3	3	2	2	1	3	1	2	1
30	2	2	2	1	1	1	1	2	2	1	2	3	2	1	1	1	3	3	2	1	2	3	2
31	2	2	1	2	1	2	1	1	1	2	2	1	3	3	3	2	3	2	2	1	2	1	1
32	2	2	1	2	1	2	1	1	1	2	2	2	1	1	1	3	1	3	3	2	3	2	2
33	2	2	1	2	1	2	1	1	1	2	2	3	2	2	2	1	2	1	1	3	1	3	3
34	2	2	1	1	2	1	2	2	1	2	1	1	3	1	2	3	2	3	1	2	2	3	1
35	2	2	1	1	2	1	2	2	1	2	1	2	1	2	3	1	3	1	2	3	3	1	2
36	2	2	1	1	2	1	2	2	1	3	2	3	1	2	1	2	3	1	1	2	3

付表 13　直交表 L_8（多水準作成法により 4 水準の列を作成）

$L_8 (4×2^4)$

No.	元の列番 123 / 列番 1	4 / 2	5 / 3	6 / 4	7 / 5
1	1	1	1	1	1
2	1	2	2	2	2
3	2	1	1	2	2
4	2	2	2	1	1
5	3	1	2	1	2
6	3	2	1	2	1
7	4	1	2	2	1
8	4	2	1	1	2

線点図

(1)

● ● ● ● ●
1 2 3 4 5

付表 14　直交表 L_{16}（多水準作成法により 8 水準の列を作成）

$L_{16} (8×2^8)$

No.	元の列番 1〜7 / 列番 1	8 / 2	9 / 3	10 / 4	11 / 5	12 / 6	13 / 7	14 / 8	15 / 9
1	1	1	1	1	1	1	1	1	1
2	1	2	2	2	2	2	2	2	2
3	2	1	1	1	1	2	2	2	2
4	2	2	2	2	2	1	1	1	1
5	3	1	1	2	2	1	1	2	2
6	3	2	2	1	1	2	2	1	1
7	4	1	1	2	2	2	2	1	1
8	4	2	2	1	1	1	1	2	2
9	5	1	2	1	2	1	2	1	2
10	5	2	1	2	1	2	1	2	1
11	6	1	2	1	2	2	1	2	1
12	6	2	1	2	1	1	2	1	2
13	7	1	2	2	1	1	2	2	1
14	7	2	1	1	2	2	1	1	2
15	8	1	2	2	1	2	1	1	2
16	8	2	1	1	2	1	2	2	1

付　録　227

付表 15　直交表 L_{18}（多水準作成法により 6 水準の列を作成）

$L_{18}(6^1 \times 3^6)$

No. \ 元の列番	12	3	4	5	6	7	8
列番	1	2	3	4	5	6	7
1	1	1	1	1	1	1	1
2	1	2	2	2	2	2	2
3	1	3	3	3	3	3	3
4	2	1	1	2	2	3	3
5	2	2	2	3	3	1	1
6	2	3	3	1	1	2	2
7	3	1	2	1	3	2	3
8	3	2	3	2	1	3	1
9	3	3	1	3	2	1	2
10	4	1	3	3	2	2	1
11	4	2	1	1	3	3	2
12	4	3	2	2	1	1	3
13	5	1	2	3	1	3	2
14	5	2	3	1	2	1	3
15	5	3	1	2	3	2	1
16	6	1	3	2	3	1	2
17	6	2	1	3	1	2	3
18	6	3	2	1	2	3	1

和英索引

あ行

ISM　interpretive structural modeling　9
意味　meaning　5
意味空間　meaning space　5
因子　factor　81, 103
因子軸の回転　rotation of factors　90
因子得点　factor score　83
因子負荷量　factor loading　83
因子分析　factor analysis　81
SN 比　S/N ratio　158
F 検定　F test　34
FTA　fault tree analysis　9
F 分布　F distribution　25
MT 法　Maharanobis-Taguchi method　157
オーソマックス法　orthomax method　91
オンライン品質工学　on-line quality engineering　157

か行

回帰平方和　regression sum of squares　55
χ^2 検定　chi-square test　32
χ^2 分布　chi-square distribution　23
確率分布　probability distribution　19
確率密度関数　probability density function　19
片側検定　one-sided test　38
価値　value　5
価値空間　value space　5
加法性　additivity　198
間隔尺度　interval scale　14
感度　sensitivity　171
棄却域　critical region　31
危険率　risk　112
疑似相関　spurious correlation　18
技術品質　engineered quality　160
基準点比例式　reference-point proportional dynamic characteristic　178
機能　function　159
機能性　functionality　159
基本機能　generic function　159
帰無仮説　null hypothesis　30
QFD　quality function deployment　9
共通因子　common factor　81
共通性　communality　86
共分散　covariance　62
許容差設計　tolerance design　157
寄与率　contribution rate　56, 113
区間推定　interval estimation　27
群間平方和　sum of squares between groups　64
決定係数　coefficient of determination　56
検定　test　29
交互作用　interaction　121
構造モデル　structural model　9

コーティマックス法　quartimax method　92
誤差因子　noise factor　170
固有値　eigenvalue　74
固有ベクトル　eigenvector　74
混合系直交表　mixed orthogonal array　135

さ行

再現性　reproducibility　186
最小自乗法　least squares method　50
最頻値　mode　16
残差　residual　50
残差平方和　residual sum of squares　50
散布図　scatter diagram　17
サンプリング　sampling　13
実験計画法　design of experiment　103
質的因子　qualitative factor　103
質的データ　qualitative data　14
写像　mapping　4
主因子法　principal factor analysis　88
重回帰式　multiple correlation equation　49
重回帰分析　multiple regression analysis　48
修正項　correction factor　108
重相関係数　multiple correlation coefficient　56
自由度　degree of freedom　16, 109
自由度調整済み寄与率　contribution ratio adjusted for the degrees of freedom　56
主成分　principal component　71
主成分得点　principal score　74
主成分負荷量　principal loading　74
主成分分析　principal component analysis　71
順位相関係数　rank correlation coefficient　18
順序尺度　ordinal scale　14
純変動　net sum of squares　113
状態　state　5
状態空間　state space　5

商品品質　customer quality　160
信号因子　signal factor　170
信頼区間　confidence interval　27
信頼係数　confidence coefficient　28
心理空間　psychological space　4
水準　level　103
水準ずらし法　sliding levels treatment　139
水準別平均　average of each level　109
水準和　total of each level　109
推定　estimation　27
数学モデル　mathematical model　8
正規分布　normal distribution　20
正規方程式　normal equation　53
制御因子　control factor　161
静特性　static characteristic　165
設計パラメータ　design parameter　160
説明変数　explanatory variable　48
ゼロ点比例式　zero-point proportional dynamic characteristic　166
ゼロ望目特性　zero nominal-the-better characteristic　180
線形判別関数　linear discrimination function　60
線点図　linear graph　136
尖度　kurtosis　20
全平方和　total sum of squares　55
全変動　total sum of squares　105
相関行列　correlation matrix　86
相関係数　correlation coefficient　17
相関比　correlation ratio　65
属性　attribute　5
属性空間　attribute space　5
素数べき型直交表　power of prime orthogonal array　135

た行

対立仮説　alternative hypothesis　30
多元配置　full factorial designs　106
多重共線性　multicollinearity　57
多水準作成法　multilevel arrangement　139
多変量解析　multivariable analysis　47
多変量データ　multivariable data　48
ダミー法　dummy treatment　139
単回帰分析　simple regression analysis　49
単純構造　simple structure　91
中央値　median　15
チューニング　tuning　163
調整因子　tuning factor　163
直交表　orthogonal array　104
t 検定　t test　35
t 分布　t distribution　26
デザインモデル　design model　4
点推定　point estimation　27
統計解析　statistical analysis　2
統計モデル　statistical model　7
動特性　dynamic characteristic　165
独自因子　unique factor　83

な行

二段階設計法　two steps-optimization procedure　163
ノイズ　noise　158

は行

バイコーティマックス法　bi-quartimax method　92
パラメータ設計　parameter design　157
バリマックス法　varimax method　91
範囲　range　16
判別得点　discriminant score　61
判別分析　discriminant analysis　60
P-ダイアグラム　P-diagram　160
標準 SN 比　standardized S/N ratio　181
標準正規分布　standardized normal distribution　22
標準偏回帰係数　standard partial regression coefficient　54
標準偏差　standard deviation　16, 111
比例尺度　ratio scale　15
品質工学　quality engineering　157
プール　pool　62, 117
物理空間　physical space　4
分散　variance　16, 109
分散共分散行列　variance-covariance matrix　67
分散分析　analysis of variance: ANOVA　55, 104
弊害項目　side effect　158
平均値　average　15
偏回帰係数　partial regression coefficient　52
偏差積和　sum of products　17
偏差平方和　sum of squares　17
変数減少法　backward elimination method　57
変数選択法　variable selection method　57
変数増加法　forward selection method　57
変数増減法　stepwise method　57
変動　sum of squares　105
望小特性　smaller-the-better characteristic　179
望大特性　larger-the-better characteristic　179
望目特性　nominal-the-better characteristic　180
母集団　population　13

ま行

マハラノビスの汎距離　Mahalanobis'
　　generalized distance　66
無限母集団　infinite population　13
名義尺度　nominal scale　14
目的特性　response　103
目的変数　criterion variable　48
モデリング　modeling　4
モデル　model　4

や行

有意水準　significance level　27
ユークリッド距離　Euclidean distance　66
有限母集団　finite population　13
有効除数　effective divider　169

要因　source　103
要因効果図　response graph　115

ら行

ラグランジュの未定乗数法　Lagrange
　　method of undetermined multipliers　77
利得　gain　197
両側検定　two-sided test　38
量的因子　quantitative factor　104
量的データ　quantitative data　14
累積寄与率　cumulative contribution rate　79
ロバスト　robust　158

わ行

歪度　skewness　20

英和索引

A

additivity 加法性 198
alternative hypothesis 対立仮説 30
analysis of variance: ANOVA 分散分析 55, 104
attribute 属性 5
attribute space 属性空間 5
average of each level 水準別平均 109
average 平均値 15

B

backward elimination method 変数減少法 57
bi-quartimax method バイコーティマックス法 92

C

chi-square distribution χ^2 分布 23
chi-square test χ^2 検定 32
coefficient of determination 決定係数 56
common factor 共通因子 81
communality 共通性 86
confidence coefficient 信頼係数 28
confidence interval 信頼区間 27
contribution rate 寄与率 56, 113
contribution ratio adjusted for the degrees of freedom 自由度調整済み寄与率 56

control factor 制御因子 161
correction factor 修正項 108
correlation coefficient 相関係数 17
correlation matrix 相関行列 86
correlation ratio 相関比 65
covariance 共分散 62
criterion variable 目的変数 48
critical region 棄却域 31
cumulative contribution rate 累積寄与率 79
customer quality 商品品質 160

D

degree of freedom 自由度 16, 109
design model デザインモデル 4
design of experiment 実験計画法 103
design parameter 設計パラメータ 160
discriminant analysis 判別分析 60
discriminant score 判別得点 61
dummy treatment ダミー法 139
dynamic characteristic 動特性 165

E

effective divider 有効除数 169
eigenvalue 固有値 74
eigenvector 固有ベクトル 74
engineered quality 技術品質 160
estimation 推定 27

Euclidean distance　ユークリッド距離　66
explanatory variable　説明変数　48

F

F distribution　F分布　25
F test　F検定　34
factor analysis　因子分析　81
factor loading　因子負荷量　83
factor score　因子得点　83
factor　因子　81,103
fault tree analysis　FTA　9
finite population　有限母集団　13
forward selection method　変数増加法　57
full factorial designs　多元配置　106
function　機能　159
functionality　機能性　159

G

gain　利得　197
generic function　基本機能　159

I

infinite population　無限母集団　13
interaction　交互作用　121
interpretive structural modeling　ISM　9
interval estimation　区間推定　27
interval scale　間隔尺度　14

K

kurtosis　尖度　20

L

Lagrange method of undetermined multipliers　ラグランジュの未定乗数法　77
larger-the-better characteristic　望大特性　179
least squares method　最小自乗法　50

level　水準　103
linear discrimination function　線形判別関数　60
linear graph　線点図　136

M

Mahalanobis' generalized distance　マハラノビスの汎距離　66
Maharanobis-Taguchi method　MT法　157
mapping　写像　4
mathematical model　数学モデル　8
meaning　意味　5
meaning space　意味空間　5
median　中央値　15
mixed orthogonal array　混合系直交表　135
mode　最頻値　16
model　モデル　4
modeling　モデリング　4
multicollinearity　多重共線性　57
multilevel arrangement　多水準作成法　139
multiple correlation coefficient　重相関係数　56
multiple correlation equation　重回帰式　49
multiple regression analysis　重回帰分析　48
multivariable analysis　多変量解析　47
multivariable data　多変量データ　48

N

net sum of squares　純変動　113
noise factor　誤差因子　170
noise　ノイズ　158
nominal scale　名義尺度　14
nominal-the-better characteristic　望目特性　180
normal distribution　正規分布　20
normal equation　正規方程式　53

null hypothesis　帰無仮説　30

O

one-sided test　片側検定　38
on-line quality engineering　オンライン品質工学　157
ordinal scale　順序尺度　14
orthogonal array　直交表　104
orthomax method　オーソマックス法　91

P

parameter design　パラメータ設計　157
partial regression coefficient　偏回帰係数　52
P-diagram　P-ダイアグラム　160
physical space　物理空間　4
point estimation　点推定　27
pool　プール　62, 117
population　母集団　13
power of prime orthogonal array　素数べき型直交表　135
principal component　主成分　71
principal component analysis　主成分分析　71
principal factor analysis　主因子法　88
principal loading　主成分負荷量　74
principal score　主成分得点　74
probability density function　確率密度関数　19
probability distribution　確率分布　19
psychological space　心理空間　4

Q

qualitative data　質的データ　14
qualitative factor　質的因子　103
quality engineering　品質工学　157
quality function deployment　QFD　9
quantitative data　量的データ　14

quantitative factor　量的因子　104
quartimax method　コーティマックス法　92

R

range　範囲　16
rank correlation coefficient　順位相関係数　18
ratio scale　比例尺度　15
reference-point proportional dynamic characteristic　基準点比例式　178
regression sum of squares　回帰平方和　55
reproducibility　再現性　186
residual sum of squares　残差平方和　50
residual　残差　50
response graph　要因効果図　115
response　目的特性　103
risk　危険率　112
robust　ロバスト　158
rotation of factors　因子軸の回転　90

S

S/N ratio　SN比　158
sampling　サンプリング　13
scatter diagram　散布図　17
sensitivity　感度　171
side effect　弊害項目　158
signal factor　信号因子　170
significance level　有意水準　27
simple regression analysis　単回帰分析　49
simple structure　単純構造　91
skewness　歪度　20
sliding levels treatment　水準ずらし法　139
smaller-the-better characteristic　望小特性　179
source　要因　103
spurious correlation　疑似相関　18
standard deviation　標準偏差　16, 111

standard partial regression coefficient　標準偏回帰係数　54
standardized normal distribution　標準正規分布　22
standardized S/N ratio　標準SN比　181
state　状態　5
state space　状態空間　5
static characteristic　静特性　165
statistical analysis　統計解析　2
statistical model　統計モデル　7
stepwise method　変数増減法　57
structural model　構造モデル　9
sum of products　偏差積和　17
sum of squares　偏差平方和　17, 変動　105
sum of squares between groups　群間平方和　64

T

t distribution　t 分布　26
t test　t 検定　35
test　検定　29
tolerance design　許容差設計　157
total of each level　水準和　109
total sum of squares　全変動　105, 全平方和　55

tuning factor　調整因子　163
tuning　チューニング　163
two steps-optimization procedure　二段階設計法　163
two-sided test　両側検定　38

U

unique factor　独自因子　83

V

value　価値　5
value space　価値空間　5
variable selection method　変数選択法　57
variance　分散　16, 109
variance-covariance matrix　分散共分散行列　67
varimax method　バリマックス法　91

Z

zero nominal-the-better characteristic　ゼロ望目特性　180
zero-point proportional dynamic characteristic　ゼロ点比例式　166

Memorandum

Memorandum

Memorandum

Memorandum

Memorandum

Memorandum